室内设计师.6
INTERIOR DESIGNER

编委会主任　崔恺
编委会副主任　胡永旭

学术顾问　周家斌

编委会委员

王明贤　王琼　王澍　叶铮　吕品晶　刘家琨　吴长福　余平　沈立东　沈雷　汤桦　张雷
孟建民　陈耀光　郑曙旸　姜峰　赵毓玲　钱强　高超一　崔华峰　登琨艳　谢江

海外编委

方海　方振宁　陆宇星　周静敏　黄晓江

主编　徐纺
艺术顾问　陈飞波

责任编辑　徐明怡
美术编辑　朱涛

广告经营许可证号　京海工商广字第0362号
协作网络　ABBS建筑论坛 www.abbs.com.cn

图书在版编目(CIP)数据

室内设计师.6/《室内设计师》编委会编.-北京：
中国建筑工业出版社，2007
 ISBN 978-7-112-09483-7

Ⅰ.室… Ⅱ.室… Ⅲ.室内设计-丛刊 Ⅳ.TU238-55

中国版本图书馆CIP数据核字 (2007) 第108754号

室内设计师　6
《室内设计师》编委会 编
电子邮箱：ider.2006@yahoo.com.cn

中国建筑工业出版社出版、发行
各地新华书店、建筑书店经销
恒美印务（番禺南沙）有限公司 制版、印刷

开本：965×1270毫米　1/16　印张：10　字数：400千字
2007年8月第一版　2007年8月第一次印刷
定价：30.00元
ISBN 978-7-112-09483-7
　　（16147）
版权所有　翻印必究
如有印装质量问题，可寄本社退换
（邮政编码：100037）

目录

CONTENTS
VOL. 6

热点	现代艺术大展没有神话	方振宁	4
解读	精品酒店 登陆中国	徐明怡	14
	精品酒店给了你什么？	俞挺	24
	璞邸精品酒店		26
	首席公馆：海上繁华依旧		32
	"九·二一"地震教育园区一期工程	邱文杰	36
对话	内·外——杭州影天印业办公楼设计研讨会		46
	10微米影天		56
教育	实验素描与环境艺术设计	李媛 吴昊	64
实录	生长出来的无限度		72
	Absolut ICEBAR：冰与火		84
	和民居食府		90
	葡京煲煲好		94
	FCC：风格的融合		98
	宽庭会馆：承续昨日 启创今时		106
	莉华庭：流水芳苏之间		112
	纳索办公室：穿透设计		116
	稻菊餐厅四季酒店分店		122
	水木空间：材质之于空间的变迁		126
	儿童树屋		130
	沁风雅泾：新亚洲主义风格		134
	水的梦幻——广州南美水悦大酒店		139
感悟	"零时代"强势审美观下的话语权	索来宝	144
	投标的游戏，你还玩儿吗？	米米	144
	舒适的窝	王受之	145
	各宜各家	张晓莹	145
链接	瞧，那些可实现的乌托邦		146
	荒诞的椅子，荒诞的西班牙		148
	墙上的艺术		150
事件	中国度量		152
	谁成就了谁？		153

热点

现代艺术大展

这是一个需要神话的时代。

每年六月，欧洲都会兴起"艺术之旅"热。尤其是今年，世界三大艺术展中的卡塞尔文献展与威尼斯双年展同时降临在我们的感官世界中，同处中欧的两大展览十年一次的相聚使当代艺术的展示聚集达到一次新的顶峰。

人们理应对神话表示尊敬。作为先锋艺术的实验场，卡塞尔文献展与威尼斯双年展于当代艺术的意义可以用"奥斯卡"来形容，它们并不局限于德国或意大利，早已成为国际当代艺术界的一个重要坐标，是西方文化界关注的焦点，也是西方社会的时代镜像。

但创造一个神话很艰难，维持一个神话更艰难。

曾经先锋的威尼斯双年展今年表现欠佳，主题馆的作品与历届相比显得平庸，反而国家馆超过了主题馆；在卡塞尔，500余件所谓当代艺术精品经不起观众五年漫长的期待，受了杜尚"社会游戏"概念影响的艾未未似乎也代替不了约瑟夫·波伊斯那脚步的回响。

热点

1	3 4
	5 6
2	

1　波兰馆艺术家 Monika Sosnowska 的巨大装置
2　匈牙利馆 艺术家 Andreas Fogarasi 的装置作品
3-4　格玛·波克使用新材料的巨大绘画
5　索尔·勒维特：《墙上绘画 1167 号，从黑暗到光明（混乱）2005》
6　意大利艺术家 Giovanni Anselmo 的装置作品

威尼斯：谁被未来所期待？

　　每年世界各地都有众多的双年展举行，但是都没有像威尼斯双年展这样吸引着众多的游客和来自世界各地的媒体。笔者为了报道艺术和建筑双年展，已经是第六次来到水城威尼斯。

　　历届威尼斯双年展都分为两个大会场——聚集着国家馆的艺术联合国"绿园城堡"和离它不远的码头仓库"军械库"。从 20 世纪 70 年代开始，有已故著名策展人史泽曼创建了和国家馆位置相当的主题馆之后，军械库的每届展览就成了世界艺术界瞩目的场所。然而今年给人最大的印象是，主题馆的作品和历届相比显得平庸，反而是国家馆超过了主题馆。

　　本届双年展首次把展览总策划人的任务委派给一位美国评论家。他是纽约现代艺术博物馆的罗伯特·斯托（Robert Storr），今年的策展概念为"感性思考，理性触摸——现在式的艺术"。

　　在意大利国家主题馆方面，这个虽然是属于意大利国家主题馆的空间，却由每届双年展的策展人从世界各地挑选艺术家，在这个独立的空间里，斯托的才能得到充分体现，他的品位让那些概念和极少主义艺术的地位大大提升。

艺术哲学家劳伦斯·维纳

　　美国先锋概念艺术家劳伦斯·维纳（Lawrence Weiner）的作品获得一个至高无上的位置，即让整个国家馆区最醒目的意大利国家馆正面墙成为维纳作品的平台。走进绿园城堡国家馆区，通过一条长长的绿荫走道，观众可以直接看到意大利国家馆长 31.55m，高 13.71m 的巨大白墙，上边有着只有维纳才有的风格字体，只要那些了解维纳在当今艺术史上地位的人，才会留意这件作品的哲学意味。

索尔·勒维特：观念是创作的机器

　　我们在意大利国家馆和今年 4 月刚刚去世的杰出美国概念艺术家索尔·勒维特（Sol LeWitt,1928~2007）的作品相遇，这件题为《墙上绘画 1167 号，从黑暗到光明（混乱）2005》的作品有着惊人的视觉效果，看世界的方式，从而改变我们思考的方式。这次展出的是勒维特在他生命的最后几年里，大胆刻画图形和在表现非凡的细微方面所达到的惊人效果。其中，两副"潦草"的绘画与他曾经构思的最醒目、最精细的作品，共同出现在这次展出中，勒维特的研究专家认为这件作品"沉静地发射出不散的光芒"，这是对勒维特整个艺术生涯最贴切的评价。

俄罗斯馆：AES+F小组优雅的残酷美

说一个国家馆的作品引起热烈的回想，在威尼斯双年展国家馆展区不是常有的事情。虽然俄罗斯馆推举九位艺术家参加，都是采用数码技术手段来突显时代美学，其实，其中最精彩的作品是3D拼贴动画《终极暴乱》。这件作品是由四位年轻艺术家组成的艺术团体AES+F Group制作。画面是一群手执刀剑的，肤色不同，种族不同但年龄相仿的青年男女，在瓦格纳背景音乐之下，摆出相互残杀和相斗的连续动作，但是我们见不到一丝血迹，那些相斗的工具有剑、枪、警棍、刀、棒球棍等等。背景是白雪皑皑的群山，在群山中点缀着一些毫无关系的建筑物。然而这些优雅的戏剧性表演确实美得不可思议，它好像是对影像美的一种统合，就像中国京剧中经常有那些武打场面，但却没有发展成为暴力，从中我们读到一种优雅的残酷。

Monika Sosnowska 的"一比一"（波兰馆）

波兰1972年出生的华沙艺术家Monika Sosnowska，用一些涂了黑漆的金属编成弯扭不成的框架充满了整个波兰馆的空间，观者必须俯首弯腰钻进这些框架才能进入波兰馆。艺术家其实是通过那些地震之后废墟中暴露出来的框架结构获得的灵感，从而在一个非地震空间中再现"废墟"，艺术家把它题为《一比一》（2007）。

美国馆的托雷斯

美国馆只挑选了一名同性恋观念艺术家作为代表，但那是古根海姆博物馆女馆长南希·史派克特（Nancy Spector）的英明挑选，菲利克斯·冈萨雷斯·托雷斯（Felix Gonzalez-Torre，1957~1996）是出生于古巴在纽约生活的艺术家，他的早逝对艺术界手是一大损失。

馆中有两件《无题》的灯泡装置，是托雷斯最让人记忆的材料语言，这些由40瓦小灯泡组成的串串，表现着一种对能量释放的迷恋，本来是日用品的灯泡，在艺术家那里完成了日用品向艺术的转换，这种特别的格式和使用规模，超出了通常的日用功能。

中国女将的日常奇迹

威尼斯双年展主席Davide Croff先生，在罗马就本届双年展发表的讲话中提到："从2005年开始，在处女花园的中国的展览，是一个双年展拓展未来空间的发展中心，也是双年展向世界领域发展的一个信号。"

是的，从2005年开始中国馆的参加给那届威尼斯双年展开来新闻，

然而中国馆的临时场馆身份到现在并没有改变。作为一个国家馆,主要空间在露天花园显然是不合适的,而室内空间则被一些巨大的油罐所充满,那些强烈的油味也让参观者难以长时间停留。

尽管如此,今年由有着丰富国际策展经验的侯瀚如策展,在相当难以操作的空间中完成了令人满意的操作。"日常奇迹"是本届中国馆的主题,我们看看中国女将在威尼斯是怎样的日常奇迹?

4名中国女艺术家,大都以日常生活和材料为创作源泉,特别是将常见的生活用品转化成艺术的作品尤其突出。

尹秀珍用废布料、盘子、刀和晒衣服杆等日常用品制作的制作了100多个"兵器",像标枪一样在那些巨大的黑色油罐上方穿梭。这是一个特别难以驾驭的空间,然而艺术家将所有展物悬挂在油罐上方,并且增加了上部空间的照明。如此一来,好像如果失去下边的油罐,整个空间反而显得空旷。尹秀珍制作的造型有着一种特别奇妙的感觉,艺术家自己解释说,它们都像是横过来的电视塔,因为许多人把媒体当做武器,那么我就把它制作成兵器一样的形状,而且每个前面都安了一把水果刀。

沈远和尹秀珍一样,是中国当代艺术界的知名"女将",定居巴黎的沈远,对自己是中国艺术家的身份相当明确,她的新作《首次旅行》,来自她在广州的一次视觉经验。沈远看到百名中国儿童被外国人收养,即将踏足西方世界,作为长期生活在海外的沈远,心中产生了一种复杂的心情,她无法解释和预测在全球化背景下的移民问题,以及被领养儿童的未来。沈远拍摄了领养过程的纪录片,她在处女园的草坪上摆放了一些放大的奶瓶、奶嘴,并把这部纪录片安在巨大的奶瓶中放映,到此,我们对沈远的意图已经相当明了。

在荷兰有着长期艺术家生活工作经验的阚萱,把录像作品巧妙地安置在巨大油罐的夹缝中,由于场地所限,这些等离子显示器和投影仪的尺度过小,影响了阚萱作品的力度,然而,如果我们真的以非常平和的心态去观看,那么我们可以感受到阚萱是如何关注那些日常生活中的细节,和艺术家之间的互动关系。阚萱绝不是简单的纪录周围,她把那些神圣的东西日常化,同时把日常化的东西奇迹化。

和其他三位艺术家相比,年龄最小的曹斐的投影作品安置在一个巨大的白色冲气体包中,她把这件作品取名为《翠西中国馆》,即在同名在线游戏中化名中国的数字公民翠西小姐,试图再现第二生命与创造自我价值共同体的未来世界。但是现场效果并没有像文字描述的那样美妙。

除了中国馆的四位女艺术家之外,参展的中国艺术家还有:杨福东、杨振中以于2000年去世的陈箴。

杨福东的映像作品,是在主题馆中五个精致的盒子中展出;杨振中的映像相当巨大,在展场一行排列,但是主题非常简明《I Will Die》,每位被拍摄者只说一句话:"我会死的"。

1 巴西艺术家 Iran do Espirito Santo 的作品 Extension/fade
2 巴西艺术家 Waltercio Caldas 的装置作品
3 北欧斯堪的那维亚馆的装置作品
4 美国馆:艺术家托雷斯的装置
5 中国馆艺术家尹秀珍的装置作品

卡塞尔文献展：神话破灭

1　15年前波洛夫斯基的作品《走向蓝天的人》成为卡塞尔市的重要标志
2　Inigo Manglano-Ovalle 的声音装置
3　胡晓媛的刺绣装置
4　Iole de Freitas 的装置
5　Mary Kelly 的装置作品

　　2007年夏季的欧洲艺术之旅尤其特别，这一次四颗艺术"行星"的相遇，诱惑了众多的艺术人士前往欧洲。这四颗艺术"行星"是：一年一次的世界顶级艺术博览会"艺术巴塞尔38"；两年一次的第52届威尼斯双年展；五年一次的第12届德国卡塞尔文献展；十年一次的德国明斯特雕塑展07。

　　确切地说，如果没有看过1992年第9届卡塞尔文献展，就无法对今年6月16日在德国中部城市卡塞尔开幕的文献展做客观的评价。因为许多人被笼罩在"德国是全球当代艺术真正的大国"这一神话中。

再访卡塞尔

　　我再次来到弗里德里希阿鲁门博物馆门前，漫步在广场的草坪上。这是相隔15年之后的到访，1992年6月中旬，为参观第9届卡塞尔文献展，我从东京来到这座陌生的城市，那次文献展给我留下深刻的印象。主要策展人是扬·霍特（Jan Hoet），展出场地也是以弗里德利希阿鲁门博物馆为主，然后是文献展厅、新国家画廊、市内空间及各类公共设施。

　　在室外推出大型公共艺术成为那届展览引人注目的地方。特别是美国艺术家波洛夫斯基在斜竖着二十几米的柱子上《走向蓝天的人》成为那届展览的重要标志，展览之后，这件作品移到市内其他地方永久保存，现在成为卡塞尔市重要的标志。

　　今天我来到这里，15年前法国著名艺术家丹尼尔·布伦（Daniel BUREN）的巨大作品，仍然耸立在那里帮助我们眺望这座城市，虽然已经找不到这件作品的标签，但是我看到仍然有许多人，好奇地登上那个布伦制作的用来观望的取景框，而现在的广场上空空如也，显得分外凄凉。

没有英雄的时代

　　文献展是作为非赢利性的德国国家文化事业，每件展览政府都要拿出相当的经费，然而自第9届文献展开始，来自德国政府机构的补助资金明显减少，第9届投入预算1900万马克，而今年的第12届是2000万欧元。

　　媒体都是这样宣传，即在为期100天的展览期间，人们将在总面积近1万m²的5个展区，看到500多件来自世界各地的当代艺术家的前卫作品，包括行为艺术、录像艺术等。然而这500多件笼统的数字，完全不能概括作品的质量。我们期待五年一次，那是期待在这五年中被验证，或

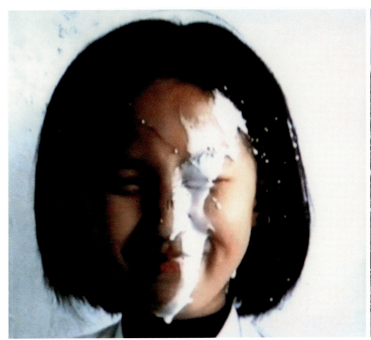 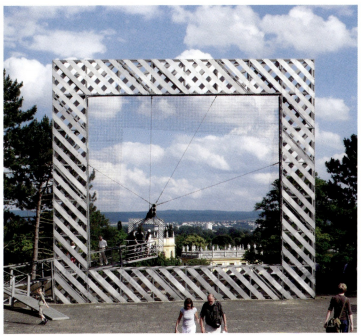

1. 美国世界编舞大师崔莎·布朗的作品《森林底层》
2. 胡晓媛的作品刺绣
3. Alice Creischer 的装置
4. Peter Friedl 的装置作品 The Zoo Story
5. Mladen Stilinovic 的装置
6. 台湾艺术家 曾御钦的录像《有谁听见了》
7. 15年前丹尼尔·布伦的巨大作品仍然耸立在那里，帮助我们眺望这座城市

者是被发现并且给我们传递未来信息的先锋艺术潮流、派别、实验活动和具有生气的个体，非常遗憾，我们获得的太少，从而对卡塞尔文献展的神话产生根本性的怀疑。或许是因为我们处于一个没有英雄的时代，因为在弗里德里希阿鲁门博物馆广场上，听不到约瑟夫·波依斯脚步的回响。

如此服务

我们怀着期待前往义献展6月15日为大家准备的开幕式和派对，然而去了才发现那不是一般的邀请嘉宾参加的派对，而是卡塞尔市民的节日。派对上，第12届卡塞尔文献展策展人罗格·比格尔（Roger M. Buergel）与诺雅克（Ruth Noack）夫妇致欢迎词，接着挪威的摇滚乐队 Kaizers Orchestra 给现场带来节日的狂欢。然而天工不做美，阵雨不断。这次的文献展，对于政府为了密切这个城市和居民的关系实在是一次好的大派对。

在德国电视中，报道参展艺术家和报道总理参观文献展并列成为新闻，从而显示该展览的国家性，这和威尼斯双年展的专业性形成对照。

虽然有人说，卡塞尔文献展已不仅仅属于德国，而是成为国际当代艺术的一个重要坐标。然而我发现，在新闻中心张贴出来的报纸，大都是德文，最不能让人理解的是，带有主题馆性质的 Aue-Pavillon（B）馆展品，居然只有德文说明，这是怎样一个国际展。

作为媒体从业人员，特别注意各个展览的新闻中心服务状态，综合这四个艺术网点，明斯特雕塑展向媒体提供的服务相当于联合国会议级别，而卡塞尔文献展的服务最可怜，那是一种令人难以置信的服务。新闻发布会来了上千名记者，然而在新闻中心只有三台可以上网的电脑，而且规定每人只能使用15分钟，另外只准备一台桌子为无线上网的人，那些媒体的记者只能回到饭店中去工作。

崔莎·布朗（Trisha Brown）

美国世界编舞大师崔莎·布朗（Trisha Brown,1936-）的作品《森林底层（Floor of the Forest）》，出现在重要的展场弗里德里希阿鲁门博物馆，吸引了许多参观者，他们被舞蹈演员在被吊起来的衣服中穿梭，被那种缓慢且神秘的行为所迷惑。这是文献展中难得的即兴舞蹈装置作品。布朗之所以被称为后现代主义的大师，是因为他拓展了传统舞蹈的空间和概念，布朗认为舞台的空间，可以是屋顶、墙面，也可以是交通拥挤的道路。布朗很早就在舞台上对电影和舞蹈的联姻关系进行实验，企图通过映像和身体并置的手法，重新建立舞蹈的身份。

曾御钦温柔的攻击

29岁的台湾艺术家曾御钦的录像作品《有谁听见了》（2004），在B馆展出，这是整个文献展唯一感动我的作品。艺术有许多功能，阅目、养心、提高智能、改变知觉等等，然而曾御钦则是俘虏人心，让心灵感到震荡。

录像的画面是固定的，每个天真无邪的孩子像照身份证一样面对镜头，被拍摄者大都知道会有非致伤性的液体—酸奶—泼来，"泼"的行为本身带有攻击性，但动作者则使用的是酸奶。

镜头纪录了每个孩子在未受到泼之前数秒等待的时间，这时候我们可以看到那些微妙的表情，然而在受泼之后大都报以微笑或者大笑，但是由于艺术家去掉了声音，代之的是缓慢的音乐，这就是作者要问的："有谁听见了"。

还有一件系列五的录像作品在弗里德里希阿鲁门博物馆展出，那是拍摄一位年轻母亲连续亲吻儿子，这个简单的行为录像长达24分钟。曾御钦的录像是对身体和知觉的开发，达到诗意的观念性。

解读

精品酒店 登陆中国
BOUTIQUE HOTEL LAND CHINA

撰文 | 徐明怡

人性善变,欲望的潮水总是能淹覆对背叛的恐惧。流行总是不断被颠覆,文化意义也被不厌其烦地反复强调,酒店亦然。

在国际知名设计师 Anouska Hempel 于伦敦的南肯辛顿的 Side Street 开出 Blake's 酒店的 26 年后,"精品酒店"终于成为中国旅游业 2006~2007 年度最热门话题。当年被"Rolling Stone"(滚石杂志)戏谑为"Radical Chic"的酒店类型,越来越受到国际酒店集团和商业房产投资财团的青睐;在中国,特别在高端资本抢滩夺地的上海,更有"山雨欲来风满楼"的势头。

Accor 集团旗下的精品酒店品牌璞邸,Starwood 集团旗下以前卫设计著称的 W 酒店,以及走高档精品酒店路线的柏悦酒店(Park Hyatt),香港的 JIA Boutique Hotel 以及北京的长城脚下的公社……那些沮丧于在不同城市旅行似乎在同一家酒店居住的人们有了新的选择。正如美国经济学家所指出的,体验经济时代已经来临。精品酒店除了具备传统酒店所具有的舒适、清洁、明亮、周到等基本元素以外,还注入了全新的体验性元素,并将以反对主流酒店标准化、雷同化的个性化面孔给中国酒店业以最鲜活的搅动。

1	3
2	4
	5

1-2 长城脚下的公社
3-5 JIA香港店

中国精品酒店业蓄势待发

精品酒店的英文原名是"Boutique Hotel",人们通常意义上的精品酒店滥觞于 20 世纪 80 年代中期。1981 年,由国际知名设计师 Anouska Hempel 设计的 Blake's 酒店在伦敦的南肯辛顿开业。同年,Bill Kimpton 在洛杉矶的联合广场推出他的第一个精品酒店——Bedford 酒店;1984 年,Ian Schrager 在纽约麦迪逊大街推出了由法国设计师 Andree Putnam 设计的 Morgans 精品酒店,《名利场》杂志称其为纽约最漂亮的旅馆;1988 年又开办了 Royalton 酒店,因此,Ian Schrager 被认定为精品酒店的鼻祖。

精品酒店自诞生以来,以其良好的市场表现和消费发展趋势,赢得了众多投资者和管理者的青睐。其规模虽然不大,却以其个性化、人性化和小众化的服务赢得了客人的青睐。它不仅为客人提供贵族式的服务和环境,最主要的是它宣传了一种生活态度,在冷漠、非个性化的大城市的一角充溢着一种简单而惬意的氛围。

随着中国经济的日益发展,来自世界各地的观光客越来越多。以上海为例,根据上海市旅委的规划,到世博会举办时,上海星级酒店和经济型酒店的床位将达到 40 万张,而去年一年中,上海的星级宾馆只有 359 家,共 9 万张床位。就算是加上 2700 多家经济型酒店,也只有 17 万张床位,缺口超过 10 万张。酒店的市场潜力之大可以想象。

20 世纪后期以来,伴随着持续高速的经济增长和消费取向的社会发展,中国居民,特别是那些正在形成规模的中产及富裕阶层,开始自觉地追求相对精致的生活与旅行方式。对于他们来说,饭店已不再仅仅是一个住宿和餐饮的场所,而是能提供个性化的生活体验的地方。有调查表明:

首先,中国高端旅游者的人数正在迅速增长,和该地区的经济贸易发达程度和居民收入水平呈现正比例。

其次,高端旅游中消费水平最高的部分是奖励旅游和会议(特别是人数较少的公司会议)。其中奖励旅游以其相对较少的数量和相对较高的消费显示出这一块市场份额未来的巨大发展潜力。

第三,高端旅游者花费的费用中最主要的投入在住宿、餐饮和交通中,通讯方面的消费则呈现出新的上升发展趋势。

第四,商务旅游者公务之余最喜欢的活动是购物、观光和美食。保健

解读

1-3 新天地88酒店
4-5 Puerta América 酒店

和娱乐的消费正在快速增长，体现出休闲度假和商务旅游的市场需求发展趋势。

最后，高端旅游者的身份特征呈现高收入行业的分布，如企业家、中上层管理人员、外交官及其家属、包括演艺明星在内的名人、收入较高的白领等，较多集中在金融、保险、银行、政府官员、信息产业、石油化工、矿产能源、广告影视传媒等。

这一切不仅给大型酒店业带来商机，也呼唤着有特色、服务周到细致、讲究品位的高端精品酒店的出现。璞邸、璞丽、首席公馆、长城脚下的公社……一系列"精品酒店"陆续宣告开业。璞邸酒店的投资商：上海南利集团的创始人蔡先生在谈及投资精品酒店的初衷时表示："我投资璞邸精品酒店正是看中了精品酒店在欧美市场上表现出来的高获利能力。美国精品设计酒店的客房数只占整个酒店业的1%，但由于拥有顶尖的消费人群，其总收入却占有整个行业的3%。"

产品决定命运

精品酒店针对的是酒店业态金字塔尖的群体，他们有着丰富的生活阅历及品味、很敏锐的鉴赏能力、消费力浑厚。与标新立异的设计酒店或主题突出的艺术酒店不同，精品酒店的唯一性、个性化、与人性化服务都需要独立成为体系，但都在某种个性诉求下相互契合，形成独具魅力的整体。这样既有宏观的整体，又有细腻的体现就会成为精品酒店的竞争优势。

精品酒店按照功能诉求，仍然可以分为商务型与休闲型，根据SLH针对3500名常客精品酒店购买习惯的调查表明，64%的受访者在商务出行或是休闲度假的选择上，对精品酒店有着不同的选择标准。选择商务型精品酒店的顾客更倾向于酒店对其商务活动的便利性，价格也在他们的考虑之中。选择休闲型精品酒店的顾客更喜欢"独特"、"浪漫"的场所。精品酒店的人性与个性化就体现在：从选址的第一刻开始，到酒店格局、格调与装饰，无一不需要细致地考虑使用者的需求与酒店的个性特征，设计者以体验者的身份进行设计，设施与使用者之间具有动感联系。

多方合作 控制风险

通常来看，无论是商务型的酒店或是休闲型的酒店，投资的总额都要上亿的资金。在中国，四五星级的酒店回报率低，排除固定资产升值的因素，普通的酒店12~15年收回投资，所以必须要创造独特的赢利模式。

综合目前市场上的精品酒店业态，我们发现，大多精品酒店采取的是互惠互补的多方合作模式。以璞邸精品酒店为例，除了引进法国雅高酒店管理集团作为管理合作伙伴外，在香港影视明星圈内享有盛誉的会员制酒吧VOLAR，中法日混搭餐厅YD101与鲍鱼火锅餐厅鼎采香，这些符合精品酒店定位的高档休闲娱乐场所，都被整合到璞邸酒店所在的8层楼高的商业房产中，以出租或是联合经营的方式与璞邸精品酒店结成联盟关系。在为酒店的入住客提供配套的增值服务的同时，可对外营业、独立发展，有利于客源的整合与品牌培养。

非工业化的精品管理

精品酒店的个性化、原创不可复制的特质，也带来精品酒店管理的多

样化和人性化管理。现在的大型酒店管理集团都是后工业化时代的产物，通过管理制度的标准化与模式化来管理酒店，并严格控制成本，达到不断扩张的目的。严格的说来，这样国际统一化的模式，没有完全达到精品酒店个性化服务的标准。精品酒店的个性化服务，可以总结为：质量有标准，流程个性化。

精品酒店从概念构想，选址、车辆人流的组织关系、房间的风格、房间的设置，均各有特色，这要求管理方针对每个精品酒店的特点，设定管理的细则和执行的标准，而且这个标准，一定要不一样，一定要有"个性与独创性"。举例来说，许多精品酒店里都会放置艺术真迹，这个是一般星级酒店里没有的。对这些贵重的作品的保护与维护，如何进行？对管理者来讲，可能是个新问题，需要用新的流程与规范去管理。

同时，精品酒店在营销上的投入是非常有限的，在更多的时候它奉行的是"最好的营销就是没有营销"的原则。例如，Unique Hotel & Resorts 集团位于纽约的精品小饭店平均利润率在40％左右，然而该集团在营销上的投入大约只占毛利的3.5％。大约60％的顾客是在满意顾客的口传营销作用下慕名前往的。而该类酒店通常将大量的资源都投入到培训上，以优质的服务培育忠诚的顾客，而忠诚的顾客不但自己成为常客，而且又给饭店带来了新的客源。

形式大于内容

中国精品酒店业的先锋要数于2004年开张的香港JIA Boutique Hotel，这也是亚洲首间由法国设计大师Philippe Starck操刀设计的精品酒店，拥有54间房，包括两间套房。此后，精品酒店如雨后春笋，逸兰精品酒店、丽都酒店、珀丽酒店陆续在香港九龙不同地区出现。

如今JIA上海店也将于今年7月底开业。"能够为上海这个充满魅力的国际级大都会引进JIA概念，我深感兴奋。"JIA boutique hotels创办人Yenn Wong说，"我们在短期内会宣布更多有关亚洲的酒店及餐厅的扩充大计。"

酒店座落于南京西路和泰兴路口，是栋上世纪20年代的老房子，共有三个不同设计单位负责室内设计，设有55间客房以及套房，顶层设有两个可相连的阁楼套房，配置各种豪华设施，打通后面积可达200m²。让你在看人或被看之余，享尽上海繁华商圈内的风景。一些奢侈品牌店也将进驻酒店的一至二层。

此外，北京的长城脚下的公社、上海的新天地88酒店、天禧嘉福璞缇客酒店、首席公馆……短时间内，原本冷门的"Boutique"俨然成为了一门显学，许多投资商也一窝蜂的将自己的酒店贴上"Boutique"的标签。

这似乎是有一个有意思却日渐庸俗的信号，对中国而言，Boutique这个名词瞬时从新名词转变成了一种流行和时尚。但抛开"Boutique"标签的外衣，中国目前市场上的精品酒店是否真的达到精品的质量？而所谓风光的"Boutique潮流"是否只是一厢情愿的叫好呢？

作为一个概念，即使再好，也终有气数殆尽的那天；如果仅仅追随这个概念，赶这个时髦，那所谓精品于中国酒店业发展并没有那么点好处。倒不妨静下心来，全盘分析一下自己的酒店，看看到底应该放在Boutique抑或是经济、商务的那个环上？

解读

历史建筑中寻回家的感觉

炫耀性消费历来就是提供一种证明,表示你已经"成功了"。在越来越奢侈的酒店,有一种似乎特别流行的趋势:你没有喝完的、免费赠送的那瓶香槟,让酒店的"七"星多少都"物有所值"一些。但全世界有越来越多的富裕旅行者正寻求一些简单、朴实且可信的东西。他们见过太多世面了,想回归本色。找回那种时间缓缓流逝的感觉,而不是日常商务那要命的速度带来的窒息感觉。

精品酒店所要给予旅行者的,就是这种家的感觉,提供的并不是普通意义上的睡觉的床,而是一张"宽床"。所以,在精品酒店的发展史上,大多都是由著名的设计师对老式酒店和老式建筑进行重新装修设计,它的建筑和设计可以用风格温暖和亲密甚至性感来形容,它主张"a home away from home",即为客人营造一种家的感觉。因此,典型的精品酒店都是小而精致的,像Blake's酒店只有51个房间,后来大多数精品酒店的房间在150~200个之间。

以上海的老时光酒店为例,掩藏在华山路一条小弄堂中的老时光是栋始建于20世纪30年代的英式老宅,约500m²,原是一处贸易商社,合伙人之一吴海清一直从事设计行业,翻修老房子的任务自然也一手包办。房子的细节保留了下来,一些不合时宜的老上海成分也被剔出,散发出一种温暖的怀旧感。老时光只有12个房间,大部分客人都是老外或外籍华人,也有些慕名而来的中国人,甚至一些海内外明星等。这样的酒店在上海可说独一无二,所以口口相传,没有敲锣打鼓宣传,入住率近乎百分百。酒店也特别吸引回头客,回头客再唤来更多回头客。

负责打理酒店的杨经理说:"客人说,他们喜欢酒店这种家的感觉,一些住熟了的客人还会拿起扫把,在庭院扫地。由于我们并没有一般五星级酒店能提供的设施,所以我们尽量提供客人更贴心的服务,由于这里的客房不多,所以更能兼顾到各别客人的需求,如果客人要按摩我们也会根据他们的需求为他们提供合格的按摩师傅,就像朋友一样,绝对不额外收费。"

酒店共三层,二楼的202号房是方位最好的客房,刚好有个老式的大块铁窗对着房子的庭院。由庭院看,那窗口还有西式装饰,那是华丽的年代,人们造窗,也会兼顾窗的门面。庭院有树,不算茂密,却刚好允许阳光登堂入室。躺在床上看窗外,树木那细细的叶子,刚好装点老旧的铁框大玻璃窗,虽然不远处就是喧闹的上海,但在这家小酒店客房里,一切是安静的,停在某个时光的吉光片羽中,刚好容许两个人私密的喧哗。

1-7 老时光酒店

解读

寻求特殊感受的设计酒店

如果把大型连锁酒店比作百货商店的话,那么精品酒店就是专门出售某类精品的小型专业商店(Boutique)。然而是否客房数量少就是精品酒店呢?许多人在这个问题上迷惑不解。尽管多数业内人士认为精品酒店的客房数不应该超过150间,否则就不可能为客人提供高度个性化的服务;不过,也有老牌精品酒店业主并不认同,Ian Schrager 把目标市场定位在具有"创造性"的人群,他认为精品酒店体现的是一种方法和态度,而与酒店的规模无关。在 Ian Schrager 的精品酒店里,个人化的服务并不是显著的特征,尤其是在他的大型精品酒店里,如拥有594个房间的 Paramount 酒店和拥有821个房间的 Hudson 酒店。相反,Ian Schrager 强调的是通过建筑、设计、色彩、灯光、艺术和音乐为客人营造一个戏剧化的气氛和环境,让客人有一种不一样的感受。

当然,这种体验不是冷淡空洞的。在以设计为主导的精品酒店中,"主题性"的设计大行其道,其目的在于营造独特氛围,为顾客创造特殊的消费经历,并以此培养顾客忠诚度。以 Kimpton 酒店为例,在它的西雅图 Alexis 酒店,艺术是弥漫其中的主题,客人们可以在这里做片刻的画家,用油彩或水彩绘制自己的明信片,酒店工作人员最后会将这些明信片再邮寄给每个客人;巴黎的 Kube 酒店就有一个以冰作主题的酒吧在里面,所以在大堂里面可以看到许多皮球,沙发都是用毛皮做的。入住者在房间里都穿着很暖的衣服,酒吧里面的墙壁、吧台都是用冰做的,你要把大衣穿上才能进去,因为那里的温度是摄氏零下15度。

这还不是全部。有的从业者甚至已将精品酒店这个概念的外延发挥到天马行空的地步。比如在毫无遮拦的屋顶安装淋浴这个充满暴露狂色彩的设计理念也被精品酒店业主所采纳;而位于蒙特利尔、一向以大胆前卫著称的W酒店则在房间入口和浴室之间的墙上安装了一个无盖的窥视孔,同时浴室和卧室之间的唯一阻隔也只是一块透明的帘子———一切都一览无余。

改造旧有的历史建筑也常常是精品酒店遵循的路数,由于建筑本身的存在就是一段历史的见证,于是围绕这个建筑展开的设计从一开始就具有打动人心的特质。位于洛杉矶的日落大楼酒店(Sunset Tower hotel)的经营者就借这座建于1929年的装饰派风格建筑,重现了那个"黄金年代"的本来面目。

西班牙马德里的 Puerta América 酒店更是一举找来19个国际顶尖的建筑师和设计师为酒店设计房间,全明星阵容营造出了一个不分国界没有国别色彩的"建筑师的理想王国",当然也吸引了熙攘的人群。酒店空间的设计原则风格也几乎没有任何限制——用豪华的白色皮革来装饰走廊所采用的豪华白色皮革,在优雅的大堂中栽种的蜂蜜色调的大片蜜糖色的枫树,营造出一股优雅气质。正正方方的玻璃电梯贴着大厦的外侧起降升降,在每个楼层停靠时,当门一打开,一个崭新的世界跃然显现于眼前:4楼,是建筑师 Eva Castro 和 Holger Kehne 设计的奇异金属仙幻境,每个平面都贴满了钢铁碎片,走进去就仿佛踏入了来自电影《电子世界争霸战》中的金属片中的战场一般;再上一层楼,是来自 Victorio & LucchinoVictorio 和 Lucchino 心中的用天鹅绒和大理石斯芬克斯像制造的绚烂梦境。

扎哈的客房是最惹眼的,整个圆顶建筑式的空间用 LG 的豪美思浇筑而成,豪美思是一种类似于杜邦 Corian 的材料。这里连一个直角都看不见,并且没有外来的"家具":架子、长椅、床头柜和桌子均是从墙壁中飘然而出,雕刻平滑有如细风吹成的雪堤,整个空间好似阿米巴变形虫那样奇妙。

被酒店打着名号吸引顾客的大牌设计师还有目前红得发紫的 Adam Tihany、Christian Liaigre、Fabio Novembre 和 Christian LaCroix 等等,每一个设计师都有自己独特的风格,一般来说建筑师设计出来的东西都是比较理性的,看出来很有空间的感觉,都是以理性分析来做的。如果是室内设计师的话就会比较人性化一点,如果是服装设计师来做就更厉害了,这里就像服装表演一样,它用的材料都很有质感,每一个房间都是不一样的,这是一个品牌的融合。

目前,中国最出名的主打设计的精品酒店莫过于长城脚下的公社凯宾斯基酒店,长城脚下的公社酒店一期由11座错落在山谷里的单体建筑构成,分别由来自中国、日本、韩国、泰国和新加坡的12位亚洲最好的建筑师自由创作设计,11座建筑反映了12位不同背景的建筑师对居住理想和建筑创作的不同理解和追求。那些坐落于山谷中的风格迥异的别墅当年在威尼斯建筑双年展上风光无限,获得了"建筑艺术推动大奖",如今,这个集群建筑作为独具特色的精品酒店而存在的公社亦同样被很多人所热论;只是当初的乌托邦理想世界并不是一个居者有其屋的大同世界,而是成为了每晚标价分别为10688元,9088元和738元三个等级的精品酒店,在这里的居者可以体味充满当代精神的居所与古老长城和连绵山脉的广袤、壮美景色融为一体的意境。

1 Puerta América 酒店第六层的Marmo酒吧
2 Puerta América 酒店第四层的浴室和卧室
3 Puerta América 酒店第十二层的卫生间
4 Puerta América 酒店第三层的客房
5 Puerta América 酒店第八层的前厅

浓缩当地文化的 SLH

SLH（Small Luxury Hotels of The World）是世界小型奢华酒店的简称，这一豪华酒店品牌现今在全球70个国家和地区拥有420余家酒店，每个酒店都带给人独特新奇的感受。无论去探讨奢华酒店到底好在那里，能够入选SLH本身就是一种荣誉和资格的象征，经营着它们，或许是一个家族几代人的全部心血。

与五星级酒店不同，充满浓郁异国情调的小型奢侈酒店更在意标榜自己身上浓缩的当地文化缩影。以兴建于中国香格里拉的仁安悦榕庄为例：酒店由当地藏舍改建而成，保存了当地藏式建筑风格，而酒店服务除了通常的SPA护理疗程服务之外，还包括参观当地农舍、自制酥油茶和奶酪这样的文化探索之旅。

许多新建的精品酒店都将地点选择在异国情调浓郁的度假胜地。在全球400多间SLH酒店会员中，澳洲区的旅舍以其叹为观止的怡人景色和邻近世界古迹遗址的优点而自豪。澳洲有不少独特的旅游胜地，如蓝山、大礁及丹特拉侬等世界天然奇观，与部分SLH澳洲度假旅舍近在咫尺。旅客可先到葡萄园试尝佳酿，然后返回旅舍享用户外营火；早上在雨林中豪华舒适的小屋迎接黎明的来临，遥望着珊瑚海，再到大堡礁潜水度日。无论旅客选择哪一间SLH酒店旅舍度假，一定可在当地获得友善优厚的款待。旅舍亦会应旅客要求而安排其他活动行程，并准备汽车来回接送。

除了酒店本身的豪华外，SLH最注重于为客人提供多种选择，以及超乎想像的体验。无论是在马尔代夫的 the rania experience 搭乘86英尺长的配有专门服务团队的游艇出海，享受私人岛屿的宁静；还是滑翔到阿曼 zighy 湾的隐蔽渔村的海滩；或者从秘鲁茂密的安第斯山间 inkaterra machu picchu 的私人山边住宅到布拉格 patchuv 皇宫巴洛克风格的室内装修，任何时刻，客人都能体会酒店代表的历史文化传承。 END

1	2
3	4
5	6

1-4　长城脚下的公社
5　丽江悦榕庄 Hero Chun Feng Tea House
6　仁安悦荣庄 Llamo Restaurant

解读

精品酒店给了你什么？

| 撰文 | 俞挺 |
| 图片提供 | 俞挺 |

```
1 2 3  4
       5
       6
```

1-3 兴华地会馆
4-6 苏州某山居效果图

人们喜欢什么，也许就意味着他们现实中缺乏什么，对于奔波各个城市的旅人而言，千篇一律的商务酒店显然让人倍觉旅途的辛劳和孤独，结果千篇一律的旅馆在旅人和他们的目的城市文化和生活的体验上形成身份的藩篱。

所以，与文化和生活新体验相联系的精品酒店应运而生。

去年，我接手了两个设计，凑巧都与精品酒店相关联。面对不同的城市，文化背景和环境，我们采取的是不同的设计策略。

我在上海的案子，是针对孙科的公馆的改建。这是一桩隐藏在老居民区里的大约2500m²始建于1906年后经6次改建面目全非的同时四边又有围墙所拱围的秘密的又老又新的楼房。

我们通过漫长的测量和考证，在确定了楼房的建筑质量和不同年代在楼房里的历史遗存后，我们方开始设计，将这幢楼变成有16间客房、5个餐饮包房、一个酒吧以及一个雪茄吧的精品酒店，加上配楼改建成SPA中心，使所谓的孙公馆变成一个能够暂时从高速发展的城市压力中解脱出来而能慢慢品味过去的场所。酒店的立面是通过对照原始照片力求复原所谓的历史原貌，为了统一风格，辅楼的建设也参考了老的式样。当黑色大门缓缓打开，关于联系过去和现在的场所便展现出来。所以现在虽然还没有交付使用，但已经让参观的人都兴致勃勃。当从每个客房的窗口看出去都是上海逐渐消逝的旧的建筑图景。违章搭建和乱晒的衣物让人感觉到熟悉但又一种距离感。正是这样的差异，让旅人在一个有回忆的场所里能去观察或体验一个城市经历的沧桑变化，从而感受到一种与日常过惯的生活形成差异的新体验。这种体验与日常感受有共鸣但又在形式上绝然不同，所以，你可以在上海老洋房的酒店里，你得到是许多复杂矛盾的回忆，那是一个关于上海，一场浮动的盛宴或是风花雪月各个年代似是而非但断然与梦想有联系的回忆拼贴。2008年，你终于可以有机会在华山路的一个僻静的月光小院里或依然在保留30年代地砖的回廊上细细品味那些可能被及时挽留的细腻回忆和美好时光。

而在苏州，我们则试图复活另一种体验——渐近渐远的那种淡泊从容与大自然对活的心境。业主选择了一个绿化环境相当不错的基地，只是植被单调，种植的布置也不讲究。我们仔细地考察了基地，决定就在基地的空地上设计，所有的原始石块和植物都力图保留。我们选用传统的建筑样式并加以现代审美趣味的改进，让整个建筑贴地而生，隐藏在树林之中，通过强调如斯似飞的屋檐与充满触感的木装修将传统的审美巧妙地重生在现代的语境中。我们要给你们带来什么？我们选择洗浴、SPA、香、茶和居士料理作为这个只有8间客房的小酒店的物质体验主题。每间客房都有精心设计主题各异的室外风吕。加上每间客房小心翼翼安排的不同主题的焚香，通过不同的香味表示客房景观和生活可能有的隐喻，而茶、SPA和料理则体现在公共区域，所有饮食之物在方圆100里，及按照四季不同而取得和设计。你可以站在红色丝棉为帘的木长廊上，缓步凭栏，感慨与尘世仿佛隔离，但又一息相联，正所谓相看两不厌，唯有敬亭山，呵呵，纷扰人生，不过寥寥如此。

所以精品酒店给你什么？是以精品酒店为载体寻找回忆或营造梦想的生活，可以在日常生活之外的短暂驻留中插入惊喜罢了。没有这些，也就是一间客房罢了。

解读

璞邸精品酒店
PUDI BOUTIQUE HOTEL

| 撰 文 | 陈昀 |
| 摄 影 | 胡文杰等 |

项目名称	璞邸精品酒店
项目地点	上海市雁荡路99号
基地面积	10000m²
室内面积	5000m²
设　　计	上海摩克室内设计咨询有限公司
施工时间	2006年

| 1 |
|2|3|4|

1-4 位于酒店顶楼的"八阶层"会员廊休闲区域由"外友"红酒吧、"夕照"雪茄房、"美好时光"香槟屋、"天幕"天井和健身房组成

对于一个游客而言，酒店有时决定了旅行的风格，也影响了旅行的路线。璞邸酒店坐落于富有法国风韵的上海市淮海路CBD街区深处，正对南昌路老上海里弄及旧洋房，远离繁嚣却仅一步之遥。穿过隐蔽却又不失尊贵大气的长廊入口，外部马路的尘土和喧嚣立刻被挡在了门外。一幅象征璞邸"美玉千金难买"的大型磨漆画横贯酒店入口处，漆画丰富独特的工艺手法与天然大漆相辅相成，深邃神奇、韵味无穷。

"当时我们接到这个案子时，业主要求我们让所有客人都来到一个'上海的精品酒店'，他们并不希望以奢华的装饰来塑造精品的概念，而是希望客人对酒店有留恋的感觉，并有再次光临的冲动。"负责该酒店设计MaxK设计公司的主设计师KAY KUO说，"他们的要求使我深受启发，以至于最终我的设计主题和细节都是环绕在这样的主题之下。"

酒店优美的几何造型外观包含流畅而锐利的线条，简洁的对比色系结合几何抽象形式，是影响力至今不衰的Art Deco风格的设计，充满数学性和动能感，一切都令人在一种怡然放松的画面中独领幽雅绚丽。

酒店的原建筑是栋8层楼的商业空间，很多的格局都已经分配完毕，这对设计师来说增加许多难度也增加了很多局限性。然而酒店位于复兴公园内原法租界，建筑风格带有欧洲特色。在这样一个具有浓浓上海特色又

解读

带有一丝丝西方味道历史悠久的区域里，设计师后来选择了红铜、黑色拉克漆等艳丽的色彩作为客房设计的主要元素——红铜、黑色拉克漆是海派老上海常用的材质，这些材质都带着浓烈的怀旧感觉又不失现代经典的元素，并带有一种略带西方的夸张视觉效果。

酒店的装饰也有不少点睛之笔，四楼装置主题"空"，悬挂的鸟笼、古朴的座椅全然是魏晋时士人崇尚的空灵意境。酒店内雕塑用的材质全然以一种中国古典元素置身于现代 ART DECO 的氛围内：被誉为国色天香的牡丹落于酒店公共空间的地毯上，独增奢华之美之余，实用性也极强的牡丹又似在暗喻着酒店的功能性；"凌寒独自开"、"梅花香自苦寒来"的异国梅花则被酒店迁移到了被褥的花纹之上，中国人传统的低调、不张扬的个性特点更是表现得淋漓尽致。

1-2　位于四楼的装置主题"空"
3　中国传统的绸缎爬上了酒店公共区域的墙面
4　客房走道被设计成长长的走廊、往主卧室走的过程就像跟着电影镜头推进
5　顶层"八阶层"会员廊的顶棚

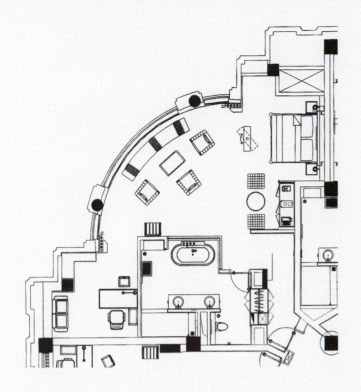

客房平面图

　　从走进酒店大堂到客房的空间设计是设计师的着重之处。一进门，穿过长长的走廊，往主卧室走的过程，就像跟着电影镜头推进，客人经过并不算大的大堂经过走廊转眼进入宽敞的房间，那种小空间走入大空间的感觉让客人顿时豁然开朗，走廊的设计不仅保证了客人的私密性又给客人不同寻常的感觉。

　　客房面积由50~102m²不等，52间客房格局无一相同，以深棕为底色，突出家具的古典奢华。为了突出整间客房的独创性，酒店特别请来了中国24位现代年轻杰出画家，为每一间客房特别绘制了其独一无二的艺术画像。在环绕落地窗边的是舒适的躺椅坐落在每间房间特定的阳光区域边，这是酒店精心选择的阳光区域，确保客人可以享受到阳光的沐浴。在为数不多的璞邸套房中更是配置了全方位的小厨房，一列橱柜与客房一样，呈现典雅和奢华的混搭，大气和精致的错落，材质色彩非常统一。有时客人也可将餐厅当工作台，放上电脑工作，配上酒店精心提供的名酒，怡然自得谁能比。

　　位于酒店顶楼的"八阶层"会员廊休闲区域，仅向注册会员及酒店住客开放。廊内陈列业主珍藏的原创艺术品，营造出经典的，艺术的高品位环境。"夕照"雪茄房以及独立私有的阳台提供一个舒适的环境，客人在享受高档雪茄的同时更可得到深层的精神体验。

解读

1	
2	3	4

1　酒店客房将不同种类的中国传统元素加以改变，营造出经典、大气、优雅又不失风味的氛围
2　客房色彩设计强调纯色调，又在辅助色彩上的运用采取对比色和金属色系，略带西方夸张视觉效果
3　客房卫生间
4　每间客房内都有艺术品点缀

解读

首席公馆：海上繁华依旧
MANSION HOTEL

| 撰　文 | 李娟 |
| 摄　影 | 天马座 |

| 项目名称 | 首席公馆 |
| 项目地点 | 上海市新乐路82号 |

| | 2 |
|1| 3 |

1　充满20世纪30年代上海风情的客房设计采用了先进的设施，既舒适又独特
2　一楼接待大厅，新旧元素和谐相融
3　入口处的LOGO也风格一致，充满怀旧感

　　走进这幢号称历史博物馆的精品酒店的大堂，踩在厚厚的柔软的暖色调地毯上，真有光影交错、时光倒流之感：装饰艺术风格的门窗和吊顶，精致干净的白色的吊灯，古色古香的英式台灯，坐进松软的老式沙发，翻一本泛黄的黑白老相册，壁炉里温暖的火焰冉冉升起，耳边再传来老上海的歌声，也许你真的会相信——这幢老房子仿似一部不曾落幕的电影，一直都上演着这样的海上风情录。这就是新乐路82号首席公馆（Mansion Hotel）。从昔日上海帮会首领黄金荣、杜月笙和金廷荪合办的三鑫公司总部和会馆，到今天城市新贵和海外游客青睐的怀旧而时尚的休闲场所，以其独特的角度和文化内涵承载了上海滩厚重的历史和经典的繁华。

　　底层仍然沿用20世纪30年代的布局：中间正厅，两侧布置偏厅。正厅中摆设了各种各样的展品：包括1910年手摇留声机、原版梅兰芳唱片、上世纪30年代各类财务票据、银行票据、股票、地契等一系列金融产品藏品、旧式照相机、电影放映机、瓦斯热水炉等。这些展品就放置在客人的身旁，比如手边小茶几结合在一起的老式烟灰缸，甚至是座下鸵鸟皮的沙发，都有着自己的历史和故事。大厅角柜里还陈列着旧上海的中外文书籍，其中也包括《杜月笙先生大事记》这样的跟主人有关的历史文献，墙壁上多达300多幅老照片诉说着上个世纪初上海滩的辉煌和跌宕。这座历史博物馆特别之处在于，这些古董共同构成了整体的空间环境，可以走进，触摸感受。这些大部分都是投资和设计人殷博士的私人收藏：由于他对近代上海历史的浓厚兴趣，首席公馆的设计基本保持了1932年建成的原有格局，替换过的构件也是按照原风格来重新设计的。

　　"每幢老建筑都有自己的灵魂，我们不会将它改得面目全非。"首席公馆的市场经理俞跃说道，"我们就是要再现30年代老上海的感觉，同时跟现代人享受生活的方式结合起来。"　投资者正是看中该建筑在上世纪老上海的独特历史地位、原法租界位置与中西合璧的建筑风格；在这里，

解读

解读

| 1 | 2 | 3 |
| 4 | 5 | 6 |

1　客房走廊
2　楼梯间
3　底层接待大厅
4-6　客房入口及卫生间

30年代的旧上海风景和交融汇合的中西文化，将一批有共同喜好的客人吸引而来。

偏厅曾是梅兰芳大师表演的地方，现在作为董事会厅使用，顶棚以拱形券向中间收进，形成了独特的空间集中感，并且结合灯光的布置，获得了柔和而多层次的光线效果。底层的拱形走廊串起了后部中餐厅的几间包房，适宜的室内环境和软装饰，特别设计的吊灯造型，尽显奢华。

如果说底层的待客大厅是一座怀旧气氛浓厚的近代历史博物馆，楼上的客房布置则更多体现出了现代精英对生活品质的要求。整个酒店只有32间客房，间间价格不菲，却是国外CEO、银行经理经常光顾的；在保证各项设施先进舒适的基础上，客房也依然是加入了各种30年代的元素。床头装饰墙，采用与门窗相同的几何装饰母题，流光溢彩，与古典风格的家具相映。客房里同样布置了红木线脚的玻璃物品柜和衣柜，还有古色古香的梳妆台和办公桌，甚至带摇筒的老式电话机依旧可以使用。墙上有梅兰芳和黄金荣的合影，就连走廊里斑驳的灯光，也是带着黄色陈旧的味道，似乎昔日上海滩的繁华和风雅便近在眼前。最豪华的四间套房则连着宽敞的晒台，谈天饮茶，俯瞰楼下花园，别有一番景象。

电梯的顶是耀眼的黄色顶板，隐喻着流金岁月的装饰艺术风格图案，是设计者用心打造的复古感觉。它就仿佛穿梭时空的机器，当把你从一楼带到五楼时，也把你从过去带到了现在。五楼就是Magnolia西餐厅了，在这里，视线豁然开朗，金黄色的光线也从玻璃墙面中折射，扑面而来。五光十色的酒柜，精致的木制餐桌，水般流畅的高脚酒杯，高雅和奢华在这里淋漓尽致地彰显。双坡面的吊顶灯光布置也很值得一提，木桁架的中间错落布置点状光源，高低不同，又有效地增加空间的层次；全亮之时，如群星闪耀，以幻化的新旧上海为背景，创造出一个品酒观光的好去处。

35

解读

"九·二一"地震教育园区一期工程

| 撰　　文 | 邱文杰 |
| 资料提供 | 大涵设计 |

| 设　　计 | 大涵设计 |
| 地　　址 | 台湾台中县雾峰乡 |

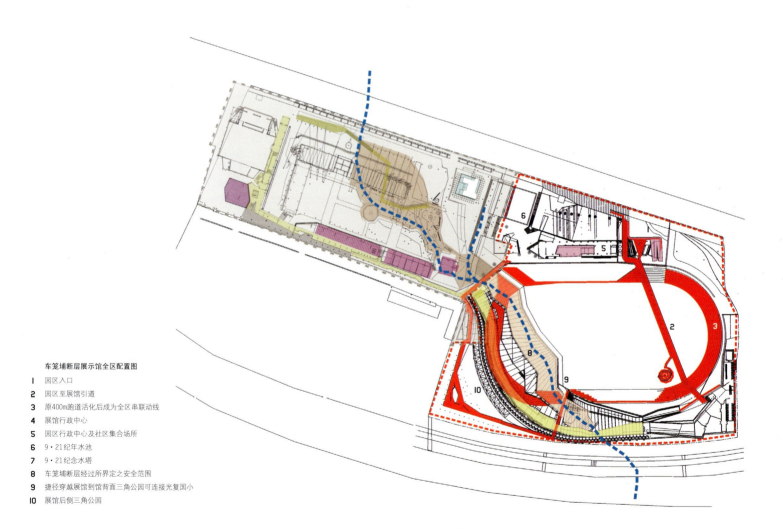

车笼埔断层展示馆全区配置图
1　园区入口
2　园区至展馆引道
3　原400m跑道活化后成为全区串联动线
4　展馆行政中心
5　园区行政中心及社区集合场所
6　9·21纪年水池
7　9·21纪念水塔
8　车笼埔断层经过所界定之安全范围
9　捷径穿越展馆到馆背面三角公园可连接光复国小
10　展馆后侧三角公园

一场台湾百年来的浩劫，曾经凝聚了2300万人的心。一条象征此浩劫之断层线，切过雾峰运动公园的400m跑道形成震后特殊地景。一场从此地景牵引出来的建筑再生运动，意图从破裂的地景中塑造空间，记录此事件的本身，提供了足以让世人审思的空间记忆。而建筑艺术性之表现，是集专业之力，从建筑、景观、室内、灯光营造众人之努力借由整合、协调、沟通、坚持创作，以遂行建筑人的个人意志。

断层其实是草坡

本案基地在9·21大地震车笼埔断层切过操场所产生有150cm~250cm的落差的地段。此落差不是岩盘本身，而是草坡与跑道。跑道断裂的影像几乎已成为9·21大地震的历史符号，而此基地被作为地震园区设计时，应该着眼于其视觉效果。此视觉效果其实是瞬息万变的，断裂的草坡还是草坡，草会长回去，跑道的断裂仍有PU材质、紫外线、风化等问题存在。几年来面对这个场域，心想，这其实是活的草坡，不是岩盘的断裂、错置，地质上的意义应已不是主角，重要的是视觉的、记忆的、抽象的。因此可以是美学单向切入，让美学、建筑和此地景结合。将一段其实是"草坡、跑道"的折线，幻化成可供纪念，甚至象征新生的场域。

解读

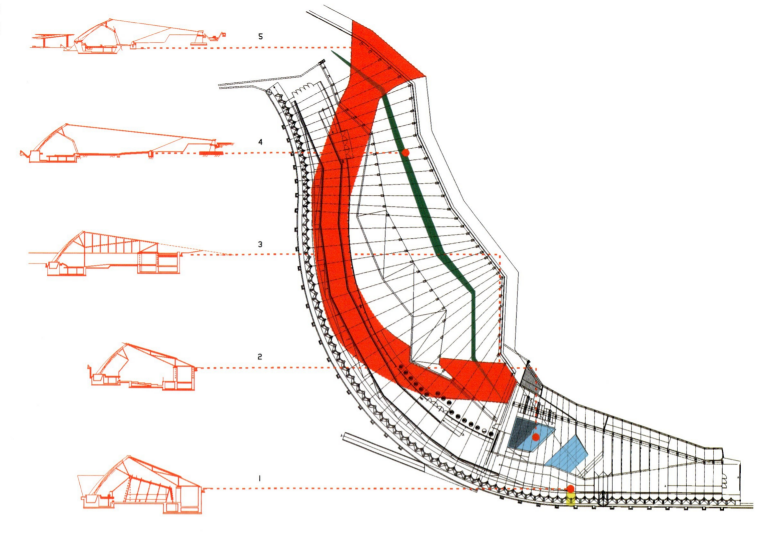

地景记忆

一期工程主以断层保存馆为主，依断层线与跑道弧线的关系，交织变化，意指缝合，缝合成一个新场域。设计主要撷取现场残存具特色的地景，辅以建筑思考，形成空间场域。比如入口区的形式主要以断裂河堤为概念，大量使用折版（无梁板）；保存馆完成后的巨型PC板，其实是圆弧型跑道的活化与再生；室内展示墙、休憩区、休憩U型座椅……几乎全与跑道相关。残破的跑道可以是展示品本身，更可在概念上活化成线性扭曲的座椅、阶梯踏步展示墙甚至形塑此纪念空间的主导结构PC板。形式从来不是思考的重点，因地制宜，能配合地景形成有效的空间，才是思考的主轴。

1 河堤断裂
2 观测景了解土壤错位
3 跑道隆起变形园区至展馆入口引道
4 断层线上那条绿色的丝带
5 原PU跑道断裂

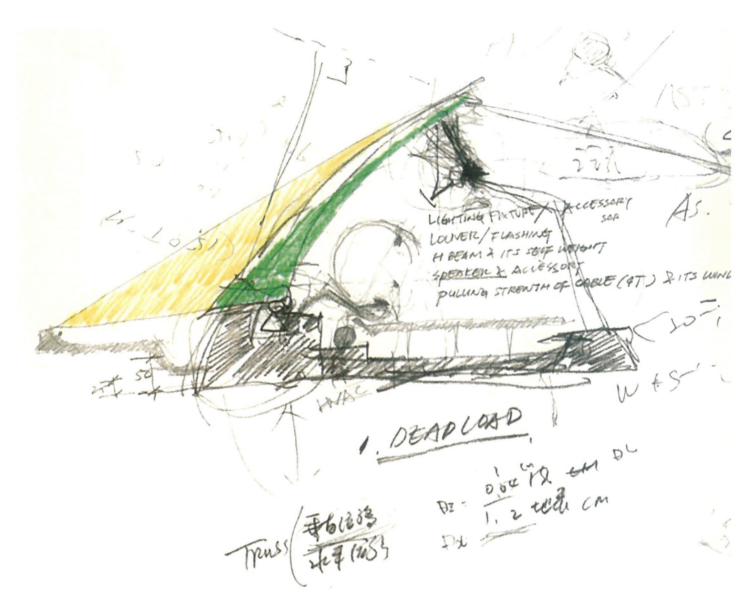

刚性与柔性结合跨越断层线同时形成室内、室外、半户外之空间模式

92片PC版串连成之船型结构物，长轴位移几乎等于零，而较弱的轴向则利用PC版悬臂与钢索薄膜的互动关系，允许最大位移5cm左右，可消化大地震的能量释放，柔性结构化解大地震可能引起的上下盘错动，以钢索衔接上下盘、允许位移。若地震过大（估计大于七级）可能导致局部钢索断裂，此举仍无碍于主空间之完整及安全。

1　回程步道与排水沟
2　上盘RC基脚
3　车笼埔断层线
4　STAY CABLE基脚
5　薄膜构造系统
6　展馆内部展示廊道

解读

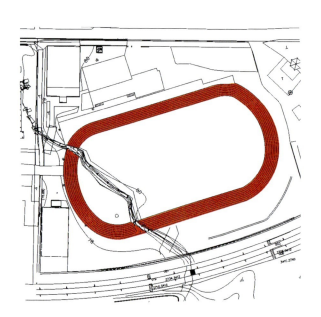
before

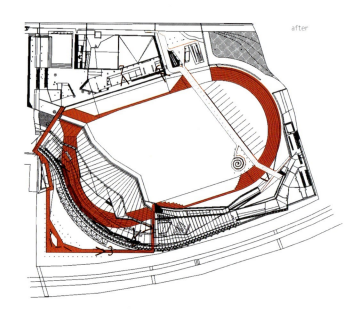
after

解读

展示馆外围周边跑道

本案除断层线外，跑道提供了另一项思考上的重要依据，线性的断裂跑道如何重生？如何转化成为空间与景观？

1. 跑道可以是散步道/捷径

跑道原本有 8 条跑道线，取一线贯穿保存馆（SHORT CUT1）连接至三角公园，在经保存馆出口处的 SHORT CUT2 绕回原跑道，成为一个 500m 的环状散步道系统，而 SHORT CUT1 与 SHORT CUT2（二期工程）更成为大草皮区串联河堤、三角公园至光复国小的快捷方式。

2. 跑道可以形成空间/广场

断层下盘的断裂跑道利用大量红色 EPOXY 地坪（室内），红色塑料地毯（室外）有效表达原跑道路径，并更而延伸至红色展板区，渐次衔接 PC 板所构成的弧形墙，成为保存馆内记录跑道痕迹的重要元素

3. 跑道可以是景观/街道家具

入口区斜切直至售票区之 PC 地坪，呼应跑道 125cm 的间距，以白色环氧树脂跑道线与既有跑道相连。展示区内部的休憩座参考跑道路径左右摇摆，阶梯踏步顺着跑道线形成，再次强化整体地景与室内地景的关系。

展示馆室内跑道转移

利用柔性结构概念，将断层线与跑道交织而成展示空间，将断裂的上下层编织起来，成为室内、户外、半户外三种不同空间形式的整合。

解读

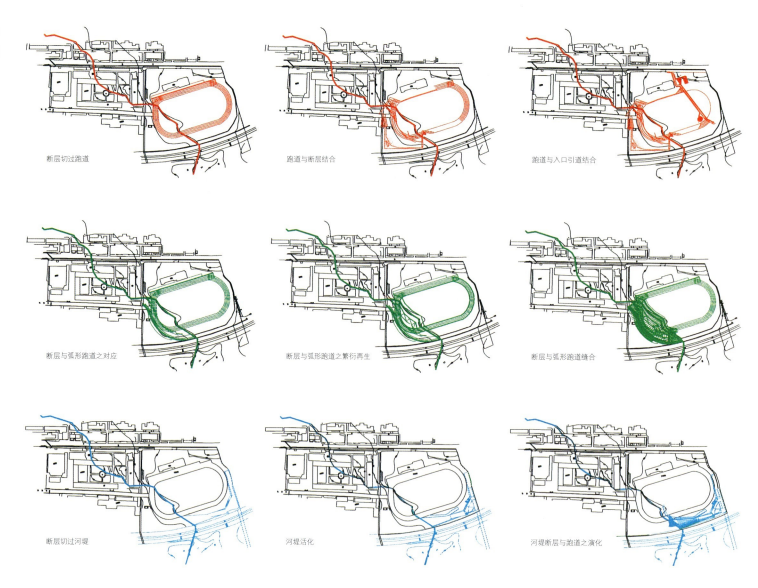

断层切过跑道　　跑道与断层结合　　跑道与入口引道结合

断层与弧形跑道之对应　　断层与弧形跑道之繁衍再生　　断层与弧形跑道缝合

断层切过河堤　　河堤活化　　河堤断层与跑道之演化

地景建筑

地景建筑之源起：本案利用重要震后地景为设计元素，赋予断裂、残破元素一种新的生命。这其中尤其以红色跑道、跑道与断层、堤防最为明显。上述三种地景成为地景建筑设计过程中之重要参考元素。

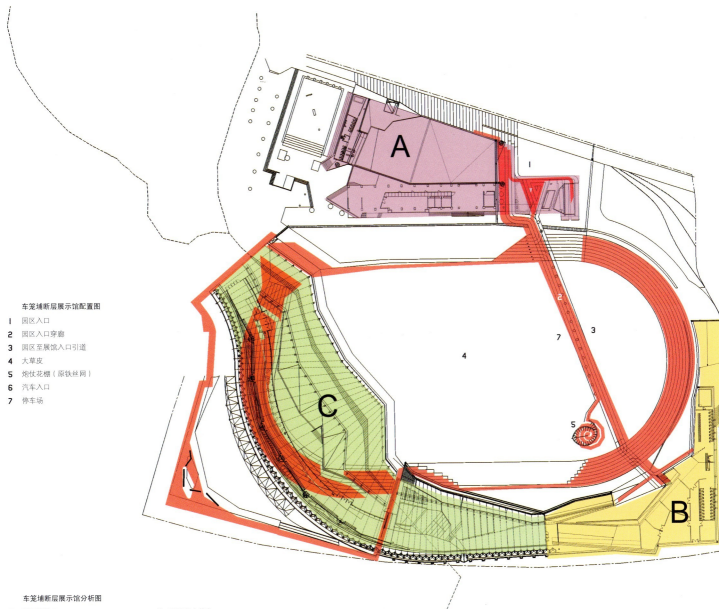

车笼埔断层展示馆配置图
1 园区入口
2 园区入口穿廊
3 园区至展馆入口引道
4 大草皮
5 炮仗花棚（原铁丝网）
6 汽车入口
7 停车场

车笼埔断层展示馆分析图
1 展示馆入口
2 语音导览中心
3 大阶梯教学
4 观摩河堤断裂地景
5 断层观测井
6 天桥（穿越行动线）
7 车笼埔断层展示馆
8 断层展示馆户外中庭
9 断层纪念草皮
10 水泥折板地形
11 展馆出口
12 PC预铸板结构体
13 薄膜构造保护断层
14 钛锌屋顶板
15 断层保护措施截水沟

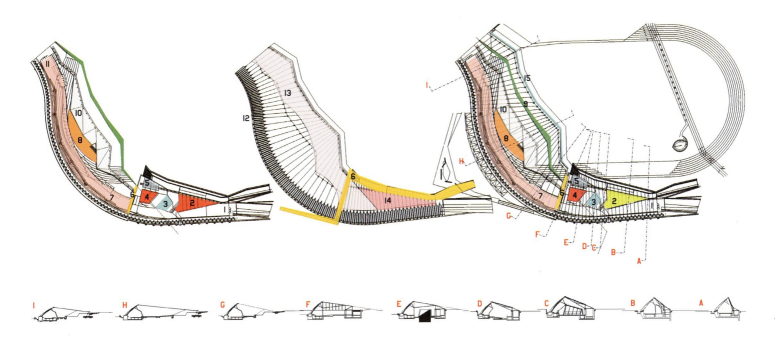

解读

车笼埔断层展示馆入口区及行政中心
1 相思树植栽区
2 断层馆入口楼梯
3 洗手间
4 售票区
5 办公区
6 车笼埔断层展示馆入口引道
7 展示馆入口
8 瞭望台
9 机房
10 大阶梯
11 斜坡引道

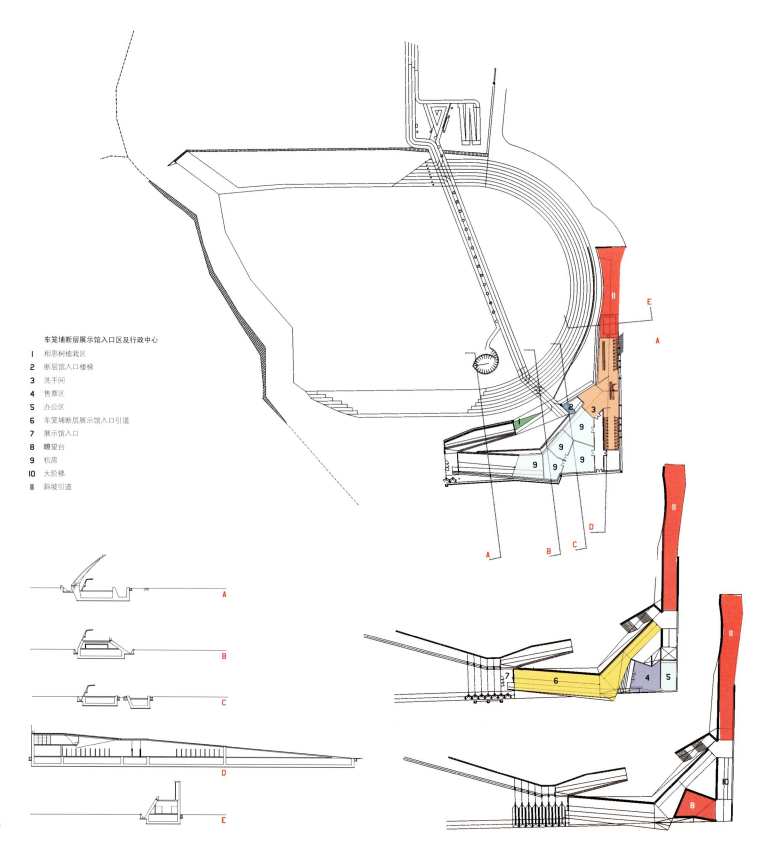

解读

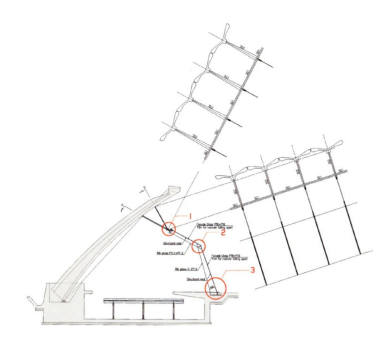
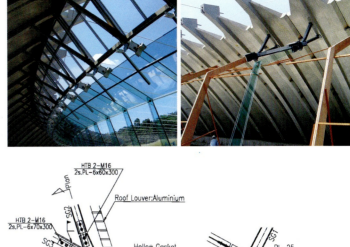

立面　　　　　　　　平面

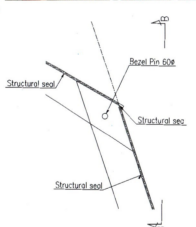
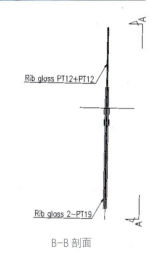

结构玻璃细部

1. 玻璃结构与钢构交接细部

结构玻璃在支承方面上面一端既是箍着此V型钢架将力量传至PC预铸版上，在PC预铸版扎筋浇置前需预埋连接此V型钢构杆件锚碇螺栓。在这V型钢架之底部水平向有一连接贯通所有V型构件之杆件SG1，断面为H125×125×6.5×9的SS400材料，此构件依断层展示区之弧形走向也成为随断层走向之弧形曲线，在SG1往下便有夹住结构玻璃顶盖及上层背档之U型钢板。此钢板与SG1接头构成一个结点机构，施工上先固定V型构件上端于PC预铸版上，再将上述结点机构吊装至V型构件下方，最后接上构架与构架间之SG1构件。

2. 玻璃转角接合详图

断层展示区室内与室外系由本工程所谓结构玻璃予以隔开，这是由较为特殊且结构强度之玻璃所组成，也因为该等玻璃均属特殊规格及具高度技术，故生产所需时间较久，每片尺寸也因此必须非常精确。每一单元之结构玻璃都不同，共由四个单元所组成，墙、墙背档、顶板及顶板背档。玻璃墙为8+8mm强化胶合清玻璃，顶板为8+12+8mm双银低辐射强化复层玻璃，墙背档为双片19mm厚强化玻璃，顶板背档则为12+12mm强化胶合清玻璃。

3. 玻璃结构与钢构基脚结合详图

结构玻璃既然大致上随着车笼埔断层弯曲成曲线走向，则玻璃基座同样亦为圆弧曲线走向，基座主要由底板、L型夹板及预埋螺栓所构成，因为基座的圆弧走向，造成在螺栓预埋上较为困难，尤其基座在与结构玻璃背档相交处成T字型配置，埋设过程中若有位置不准将造成PC预铸版、结构玻璃、钢索基座三点无法在同一线上，如此除将导致结构玻璃间无法密和外，亦将对PC预铸版、结构玻璃等产生额外不良应力。既然基座施工及位置控制如此不易，则本工程在Line线及基座点位之平面位置、高程均需反复检核以避免误差产生。

A-A剖面　　　　　　　B-B剖面

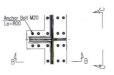
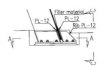
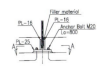

A-A剖面　　　　B-B剖面　　　　C-C剖面

对话

"内建筑"是个由三位年龄相仿，拥有共同理想的长发青年组合而成。无论穿着打扮，还是生活习惯，他们数年来如一日般地坚持自己的非主流生活路线。

他们拒绝超大型事务所，风格明确的中小型事务所让他们工作得很愉快；他们会拒绝一些不适合自己的项目，没有固定的上班时间，不会把自己搞得非常忙或者非常累；他们始终都有充足的时间生活以及思考，这种悠游倜傥的生活方式令同行们艳羡不已。

泯然于众人的特异之处使他们成为故事，也成为传奇。

内·外
BETWEEN ARCHITECTURE AND INTERIOR DESIGN
——杭州影天印业办公楼设计研讨会

撰　　文	徐明怡
录音整理	李品一
摄　　影	朱涛
图片提供	内建筑设计事务所

　　成立仅三年，"内建筑"却生意红火，从阿里巴巴、雅虎、光线传媒到影天印业办公楼等一系列新型办公空间突破了传统办公模式的设计要求，以简单的材料赋予空间盛装的效果，令人在物质的丛林中回望那单纯的童年。在一系列的设计实践中，那种略带童真的轻简约姿态并不是他们要表达的全部，做广范围的空间设计，建立起建筑与室内一体性关系才是"内建筑"真正想做的，那些附着于空间表皮之上的天真洗练的图像语言越来越清晰地将他们这种内外兼修的设计理念表述出来。

　　7月14日，由《室内设计师》主办的《内·外——感受设计系列活动5》在新近落成的杭州影天印业办公楼举行。此次活动邀请了部分室内设计师参观了该项目，并与负责该项目室内设计的内建筑事务所三位主创设计师沈雷、姚路和孙云以及项目业主孙云翔进行了交流与讨论。研讨会上，姚路详细介绍了影天印业办公楼的设计理念，同时还向在座设计师介绍了其他三个办公室项目——阿里巴巴总部、萧山中国达利丝绸公司和北京光线传媒办公室，而与会的设计师也对这三个设计师中的异数充满了好奇，关于设计、关于管理、关于合作、关于生活……这些都在我们的讨论中一一展现。

对话

1　活动现场
2-3　萧山中国达利丝绸公司
4-5　杭州阿里巴巴公司总部

■ 姚路（杭州内建筑建筑师事务所合伙人）：我们事务所的名字叫"内建筑"，我们认为建筑与室内设计并不能割裂开来对待，希望将建筑的概念带到室内设计中去，这也是我们事务所的设计风格。当初我们接影天印业办公楼这个项目时，设计内容并不包括建筑外面，在现场勘察过后，为了保持建筑室内与室外的协调，我们就用自己的语言来处理了外立面，如在入口处加了块不锈钢镂空挡板。这样，室内设计的风格与整个建筑风格就统一了起来。

不过，干室内是我们的本行，这个项目完全由我们三个人统一规划，当然孙总也提出了许多建设性的意见，是他对我们完全的信任和良好的沟通使我们能将想法基本实现在这个空间内。

■ 陈冀峻（武林建筑工程有限公司设计院院长）：近年来，办公空间设计成为室内设计业界的热点，许多业主对成本控制很严格，我们看到内建筑做了许多大胆而充满创意的办公空间，是否谈谈你们是如何做到这些成本低廉而与众不同的空间？

■ 孙云（杭州内建筑建筑师事务所合伙人）：办公室因为空间大，一般业主都会出于经济方面的考虑，对设计师提出"造价低"且"有特色"的要求。在一系列办公室设计中，我们主要以低成本材料来实现造价低这个要求，不过它们的运用非但没有减弱设计的表现，反而通过有效的改造、包装、组合等简单的运用手法，给空间带来了丰富的面相，也为造价因素控制下仍需要坚持的高设计感找到了宣泄的出口。以光线传媒为例，建筑材料的错位使用也可在此找到应用的样本依据。如用于临时构筑物或建筑防护的波纹板，其材料的工整度和特性也适用于室内方面的运用，并能带来意想不到的效果。另外，在玻璃上使用丝网印刷LOGO、标语，室外用地板在室内的拼铺，大面积裸露的本色墙体，都在低造价的基础上达成了预期的设计感。

■ 石赟（华鼎建筑装饰工程有限公司设计总监）：我最喜欢的是一层展厅中间的走道，干净的白色墙壁，给人一种深幽宁静的感觉，很舒服，但走道两侧挂画的架子似乎破坏了整个空间的纯净。

■ 姚路：当时没想那么多，是想展品如果放不下可以放中间走廊。

■ 石赟：我觉得别放为好。

■ 沈雷（杭州内建筑建筑师事务所合伙人）：比起一些精细的设计公司来，我们的设计程度是低的。不过我认为过度追求这些不是我们的风格。当时设计时候没有想太多，不过现在有了这样的效果，我也觉得空的走廊比较内涵深刻，韵味无穷。

■ 顾骏（上海同济室内设计工程有限公司主任设计师）：首先想从设计策略方面探讨这个问题。刚才内建筑的设计师也介绍了他们做的阿里巴巴、光线传媒和影天印业办公楼等项目。这几个作品给我的感觉是类型比较一致。我觉得他们都有以下几个共同的特点：第一，造价都比较低；第二，都属于办公空间；第三，大多是是旧厂房的改造。如果这样的项目让我来做，我可能也会采取和他们相同的策略。因为造价低，那就不可能用一些比较豪华的材料。他们给我的印象比较深的是用了许多色彩，营造了轻松活泼时尚的感觉。

在低成本旧房改建的条件下，一个设计师他能做什么？我觉得这像在做数学题。现在给你出了这几个题目以后，你会推导出一个怎样的结果？我觉得他们就是推导出了这样一个结果：运用颜色、运用图案，运用可以创造比较轻松氛围的材料加入设计。换了别人来做可能会有其他的选择，但是"内建筑"的三位已经推导出了自己的设计策略。

接下来我想给他们一个建议：几个项目都具有鲜明的时代感，但缺陷就是有点雷同，感觉他们的设计有点定型了。在设计策略上是否可以有多些变化？

第二点是设计方法。我看了这个空间，给我印象比较深的第一个就是门厅主入口有一个像被枪打过的钢板，这就是一层的大中心，风格上有些建筑的意味。顺着这个思路，其他地方可能就比较放松了。我在想，如果把这个空间内的家具和一些装饰性物品拿掉后，会变成什么样呢？我觉得这个空间还是可以留一些设计意味的，所以他们的设计是成功的。

关于设计

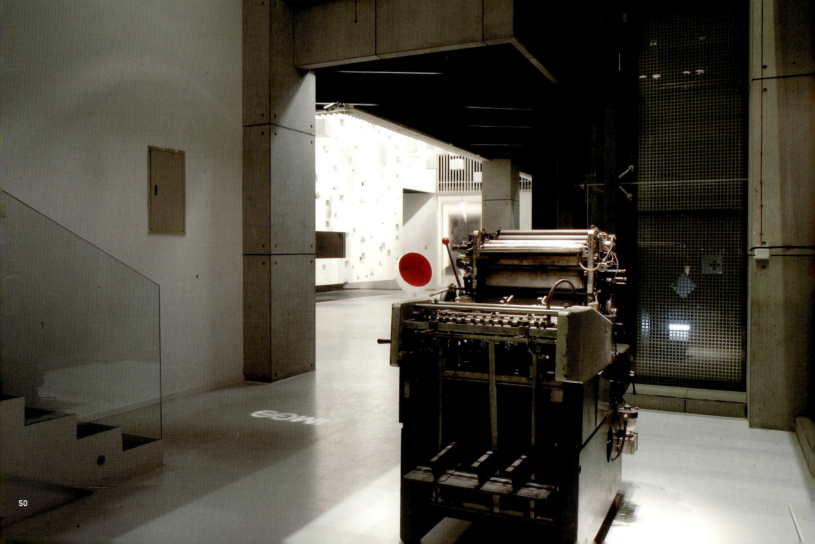

■ 徐纺（《室内设计师》主编）：设计师们总是会抱怨由于种种原因最终的施工结果与预期效果相差甚远，刚才姚路介绍了整个方案，我们看到影天印刷厂的效果图和现场的施工效果的非常一致，这个结果令许多设计师都非常羡慕，而其中业主起到了决定性作用，下面我们请该项目的业主孙总和内建筑的三位设计师分别谈谈设计师与业主间的配合问题。

■ 沈雷：所有的创作都或多或少存有遗憾，这些作品完成后的表现力也是介于设计理想与现实实践之间。从构思到设计直至施工完成的过程中，不得不面对复杂的实践环境，比如与业主、造价、施工能力、材料等局限因素的影响下，设计的衰减态势无可避免。承认和认识这样的衰退，并通过经验的累计，在未来的设计中不断提高对实施度的预测判断力，才能及时调整设计强度以抵消设计衰减带来的负面影响。

■ 姚路：如何将业主的意见与自己的设计意图进行比较好的融合是一个设计师一直关心的话题，我认为主要还是靠沟通，良好的沟通。在沟通中，能够将两方的设计想法统一起来，并且在沟通的前提下将整个设计方案完成。影天的完成度非常高，空间的现状和当时的构想基本相同。这和双方的沟通与坚持还有决心是分不开的。

■ 孙云翔（杭州影天印业有限公司营运总监）：要谈设计师与业主的关系，我想从我这个企业说起。我是个非常喜欢艺术的人，所以我选择了做印刷品这个行业。我也做过广告，平时也喜欢自己拍照什么的，所以我交往的都是画家、艺术家和设计师等。我要我的公司和别人不一样，并开始有了自己操刀设计的想法。我相信只要有感觉，我这个外行人也可以把设计做得很好。

我决定把我的工厂设计成研发中心的形式，设计风格参考了德国包豪斯的建筑风格，我认为这种方正的设计风格能将空间最大化。本来室内也想自己作，但是真正着手时才发现束手无策，太高估了自己，决定还是请一家专业的室内设计公司帮我设计。

起初知道"内建筑"并不是因为我和姚路认识，而是我在一本家居杂志上看到了他们的作品，并被他们的作品感动了。详细查阅了他们的资料后才发现，近十年未见的好朋友竟然以这种方式见面了。在和他们接洽后，他们只用了一个星期就把方案给我了。看到方案后，我非常满意并且确实喜欢他们的风格，于是我就把设计影天办公楼的室内部分全权交给了他们。

当时，我提出的要求是想要一个简单的、方正的、炫的场所，而不是一个普通意义的印刷厂。至于别的，只要控制住经费，其他都交给他们管。最后，他们成功地帮我达到了目的。现在，这种既炫又低成本的办公室设计风格是目前的流行趋势，就像他们做的阿里巴巴办公室项目那样，马云有得是钱，他完全可以做得富丽堂皇，董事会肯定会通过，但他要得是青春和简单，这样的思路才更能得到董事会的信任，这就是大势所趋。

■ 徐纺：为什么会对内建筑那么信任，放手让他们去干自己想表达的？

■ 孙云翔：我认为业主和设计师的交流，设计师给业主一种放心感是很重要的，这种所谓的放心感并不是盲从业主的要求，而应该有自己的观点和看法。在找到"内建筑"之前，我也曾经去过几家设计公司。那里的设计师听了我的想法后就表示："行! 你说怎么样就怎么样。"这样干脆的态度是让我无法放心的。

与一味地妥协相比，我认为设计师有着鲜明的性格和独到的眼光以及

关于合作

1-2 影天印业公司
3-4 活动现场

成功的作品是吸引客户的重要条件。一个好的设计师面对业主应该表现出绝对的自信,这种自信是建立在成功作品的基础上。

后来,当我找到内建筑时,姚路见到我的第一句话:"你把这个项目给我,那么所有的家具也将由我们来定!如果你不这样做,我没办法继续!"如何说服客户,"内建筑"的三位是很好的榜样。

事实也证明了我的判断是正确的。这个项目落成后,很多高端客户来参观我的印刷厂后都觉得很炫,走的时候都和我签了合约。要有生意做,就要吸引客户,有好的作品。室内设计师并不是装修房子的人,他们是艺术家,他们的判断对我的生意有所帮助,他们眼中的艺术感就是大部分艺术家眼中的艺术,而我的客户大多都是具有艺术家气质的,姚路他们为我和这些客户寻找到了共同点。

■ 王炜民(杭州国美建筑装饰设计院院长):他们三个能说服你这样的客户,很不容易!我认为,设计师与业主的关系重要的是水乳相融。只有很好的配合与很好的理解才能做出有意义的完整的设计。没有好的客户,就没有好的作品。顺便问一下,他们的设计费是多少?

■ 孙云翔:设计费?就是设计费的这个话是不能说的。可是我可以告诉你们,他们的设计费是我至今付出过最高的设计费。不过,我付的心甘情愿,虽然目前我们的办公楼只完成了80%,但是无论从什么地方来参观的客户我全都拿得下。他们看了以后马上就在我办公室里签合同了!

■ 顾骏:我想和他们探讨一下如何与业主沟通,时髦点话来说:就是如何忽悠业主。何谓忽悠业主,就是让一个业主忽然就非常信服你。我觉得光从建筑的耐久性、使用性来说服业主现在已经不够了。现在必须要从视觉上的酷,说服业主将这个空间设计的权利给你。然而,在更多情况下,业主对创新性的设计可能有不同的看法,为了使业主不再有什么抱怨,我的设计就越来越保守。

■ 沈雷:我觉得现在不是一个业主要横的时代。如果觉得无法将自己的设计理念施行下去,那么就拒绝他们。如果有一个元素可以代表我们,那么我们会把这个元素一直用下去。当业主能够理解我们的设计风格,并且能够信任我们,我们才能够把一个设计完成。

■ 顾骏:关键还是配合。

■ 姚路:这个是配合与营销的关系。创造了自己的风格,将这种风格保持下去,根据设计对象的不同做出相应的改进,这样才能使自己的公司形象鲜明。如果有喜欢这种风格的业主就会主动找上来。在设计的过程中尊重自己尊重业主,适当的沟通使双方的目标一致,行动方向也一致。

■ 徐纺：内建筑事务所成立仅三年多，但三位合伙人特立独行的生活方式与处事风格总是成为业界的焦点，现在我们请他们谈谈他们这个组合的背景。

■ 沈雷：2003年的时候，我们三个人聚在一起想做一点事情，当时我们主要想做的就是将旧建筑转化成新建筑的改造项目。很巧得是我们三个人虽然具有不同的专业背景，但是是同一年毕业。孙云学的是舞美，毕业于上海戏剧学院舞台空间设计专业，姚路长期从事展示、包装、平面终端展示设计工作，毕业于浙江丝绸学院，而我是毕业于中国美术学院环境艺术系的。

■ 高超一（上海金螳螂环境设计有限公司总设计师）：内建筑三位设计师各有特色，我一直很好奇，作为一个合作制的事务所，你们的管理体系是怎么样的？

■ 沈雷：我们公司内部没有管理。我们三个人都是搞设计的，让搞设计人的来管理公司是肯定管不好。我们之间的职责或者利益都是共同的，一个项目下来，无论是谁接下来的，我们三个都很了解这个项目的具体内容。所以，如果三人中有一个人突然有什么事，其他人都可以顶替上去，不会耽误时间。

公司内部的年轻人是我的左膀右臂。我从英国回来以后就开始培养这些年轻人，那时他们大三左右，培养了两三年后就可以把设计玩得很溜。说他们玩得溜，倒不是说他们有什么惊天动地的设计作品，而是他们在某些细节上可以很仔细，经常可以补充我们想不到的地方。

我们在一起三年多了，互相都非常理解对方。大的工程一般都由三个人同时运作，而有些小项目就由一个人主要完成，比如我接了项目后，就会尽快画出草图，然后问其他两位合伙人的意见，他们看了以后一般会提出一些小的修改意见，然后直接出效果图。

进入施工阶段后，我们三人都是自己上工地，从来不把这个工作推给公司的年轻人们。我觉得我们三人已经配合得很默契，都很能掌握住一个项目的实施。

■ 王传顺（上海现代集团环境设计院总工程师）：我有一个问题想请教内建筑的三位设计师，你们三人平时在工作中是如何分配各人的职责？接项目的话，如果有其他的内容，比如说水、电、风是如何协调的？

■ 沈雷：现在的社会已经是多工种配合需要不同的公司共同合作。我们只负责室内设计部分，最多只包括强电。其他的会向客户推荐一些经常合作的公司，并且由业主和那些公司直接签合同和之后的联系。我们在这种事上都撇得一干二净。

关于"内建筑"

1-2 影天印业公司
3-5 在三亩田会所

对话

关于……

汪梅
浙江理工大学艺术与设计学院副教授

我感觉他们的作品很时尚，很有设计感。一方面，这个社会越来越专业化；倒过来，这又要求设计师有更多的文化背景。在设计工作中，很多时候是多学科的交流。如果我们能掌握不止一门学科，能让我们的工作也更有效率。

有时候我们抱怨甲方给我们的要求太高，但这是社会发展的必然结果，所以我们要与这个时代的发展相吻合，不断地发展自己，不断与其他各方面有关人员相配合，这也是新时代对设计师的要求。

章肖燕
武林建筑工程有限公司装饰设计院上海分院院长

我认识他们三人是从书上看到的。前段时间做阿里巴巴办公室设计方案的竞赛中，我们的方案是第二名，输给了"内建筑"。在研究方案的过程中，我们看了他们很多作品，也想知道他们的设计思路和习惯，从而制定可以战胜他们的方案。

虽然最后的竞赛输了，但在其中，我们还是学到了很多，觉得他们的作品很青春、很时尚。从他们的设计中可以看出来，他们的工作状态是非常好的，他们把工作当作很幸福的事，于是在点、线、面的运用上有着灵性的光芒。

刘金石
黑泡泡设计公司设计师

姚路的感性、沈雷的潇洒、孙云的追求完美，这些鲜明的个人特点也融入了他们的室内设计中。设计师在设计之外也应该注重培养自身修养，塑造出好的品格气质形成属于自己的设计风格。

余国明
杭州国美建筑装饰设计院副院长

第一眼看到这个空间有种惊讶的感觉，没想到，在这里有这样的建筑。我主要做室内，有时也做建筑。感觉这里的室内和建筑很好地结合了起来。如何将空间、建筑、室内结合起来，是一件很重要的事。

费宁
上瑞元筑设计制作有限公司执行总监

中国有句老话，叫"相由心生"，他们对生活的态度会影响设计。他们的生活是狂放不羁的，所以他们的创意也是天马行空的。而业主与设计师之间的关系，确实就如之前所说，应该像恋爱一样。

王传顺
上海现代集团环境设计院总工程师

三位设计师材料的运用都很活泼，他们并不是追求奢华感，而是着力创造自己的风格，这样的设计很令我震撼。

1-3 活动现场

姜湘岳
海岳建筑装饰工程设计有限公司设计总监

目前,业内对不同主题设计的研究很流行。我感觉他们三人组合就形成了一个大型的专业办公室设计团队。在整体下,大家进行有序的分工,不紧不慢。

通常而言,室内设计中对家具的控制非常严格,但严格并不是判断室内空间好坏的唯一标准。今天,我看到了一个很轻松的设计作品,但设计师在轻松中对细部的重视体现了他们的良苦用心。虽然他们并没有大张旗鼓地说投入了多少,甚至连选用的材料也大多价格低廉,但通过他们的匠心却达到了惊艳的效果。

刘珽
上海市建筑装饰工程有限公司设计总监

我认为,他们三个人的公司更多的是创意性的。我所在的是一个商业性的设计机构,总是一板一眼地为客户提出最合适的设计。所以他们眼中的好设计可能与现在业内公认的好设计是有区别的。不过,他们为我们的改革开辟了一条道路,为我们思想的更新点亮了火花。设计师应该不断以自己的能力替业主以及整个建筑设计行业创造价值。

孙黎明
上瑞元筑设计制作有限公司企划总监

他们三人的生活是一种惬意的状态,而我无法做到这样,一直很紧张。可能他们的"慢"是受了从英国回来的沈雷的感染,将英国 "慢生活"的概念浸润到他们的设计中,使他们的设计始终有一种从容的、前卫中带着优雅的感觉。我觉得像他们这样享受着设计,享受着生活的设计师很让人羡慕。

高超一
上海金螳螂环境设计有限公司总设计师

参观后,觉得整个环境做得十分轻松,很简洁。仔细一看,几位设计师把一个很平常的东西做得非常不一般。而且体现出了很高的设计智慧。看完后我就明白了为什么业主愿意花那么多设计费了,那是因为物以稀为贵,人才本来就是个稀缺资源,优秀的设计师更是很难找。

人到一个环境里被感动了,就愿意在这里多花钱。有一句话:"在广州吃味道,在上海吃情调。"南方的建筑和设计,更多的是让人在这个环境里体会到一种他们想要的气氛,从而他们愿意在这个环境中投入更多,"内建筑"就是在营造这种环境。

除了整体感觉把握得很到位,"内建筑"三位设计师的做图能力也很强。从平面图到效果图都出得非常完整。在施工方面,几位设计师并没有对施工工人提出很苛刻的要求,计较每一个细节,而更追求建筑整体氛围的把握。

对话

10微米影天
IMGS PRINTING CO.,LTD

撰　文 ｜ 王粤蝶
摄　影 ｜ 孙云翔

项目名称　影天印业公司
项目地点　杭州祥茂路2号
设计时间　2006年12月–2007年2月
完成时间　2007年5月
设　　计　内建筑

对话

　　位于城市边缘的厂房建筑，让人不由地想到LOFT，但这里与LOFT无关，这里是一座真正在高速运转的工厂，可是它又与LOFT一样，具有自由个性的空间，还与艺术结合得颇为紧密。

　　影天印业公司的新厂房位于杭州祥茂路的一处科技工业园区里，三个三层红砖单体建筑围合出整洁的厂区。约3000多㎡的办公楼，除了满足一些基本功能及预算控制的简单要求外，业主没有提出更多的限制。设计师运用设计营销理念，完全基于业主角度审视办公设计对企业发展的影响，构想空间品位对完善企业形象的推动作用。从整体角度出发，仅仅对内部的装修显然无法达到最佳效果，因此，虽然是新建厂房，设计仍然对建筑的内部及外立面进行了全面改造。

　　创新精神在影天一直都不缺乏，他们是国内网络印刷的先行者，敢于尝试、渴望变革是公司理念的重要部分。这一点现在也体现在办公空间中。为打破以往普通工厂里除了机器声就是拘谨沉闷气氛的工作环境，设计着力于打造一个功能设计妥贴的趣味空间。设计师从这个印刷企业在国内最先研发并成功运用于印刷的10微米调频网印刷技术中获得灵感，提取其中10微米的方形网点为最基本设计元素，应用于方案整体中。当这个微形元素被放大，转变形态，就产生出全新概念的设计探索。

　　为突破室内外空间的藩篱，建筑外部加建了一层方孔铝合金板架构。这层表皮包覆了一、二层建筑大部分外立面及楼梯部分，使建筑变得通透轻盈，同时也将自然光线引入室内，为空间内部增加了丰富的表象变化。入口以方形盒体形式呈现，深灰色铝单板饰面，铝板上方形孔洞有的倾斜，有的重叠，在地面投下形状不同的阴影效果。

1			
2	3	4	

1-2 夜幕下的影天安静又高贵，光线透过镂空铝合金外墙架构轻盈地播洒出来
3　外立面的方孔铝合金板架构使得整个建筑与众不同
4　有着不规则形状镂空的传达室，是为了与办公楼室内设计风格呼应

1	
2	3

1　纯白的办公楼大厅脱俗而出
2　一层平面图
3　一楼大厅的前台被隐藏在了醒目的方形元素后，丝毫没有喧宾夺主，反映了设计师的匠心独具

一楼大厅空间贯穿上下两层，巨大的白色背景墙将接待台隐于其后，墙板上方形元素再度演绎出多变的造型，有凸起，有镂空，虚虚实实间让空间隔而不断，相互渗透。与背景墙面相呼应的是由二楼悬垂下的白色立方体，排布高低错落，这也是方形元素从二维平面到三维空间的应用，在有限的领域内给人以更多的想象空间。彩色条纹地胶板定义出接待台右边半开放的接待区，鲜明的色彩和流线的造型表达了充满活力与激情的企业文化环境。为保持空间的流畅感，接待区与后部的业务部办公区之间由一块块串联起来的方形绿色透明板为软隔断，增加了空间意趣。

对话

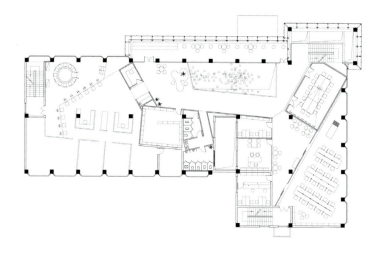

二楼为主要办公区，设计师采用斜线划分手法，打破原本呆板平庸的矩形格局，让人从平面划分上获得某种趣味和新颖感。迂回的动线组织连接起各独立空间，斜面在空间相交，伴随方向的变化也有不同的空间体验。走道右侧，铝合金架构内自然光线充足，设计就势设置了花房，绿色植物与木质地板的组合充满了闲适氛围，让人顿时放松心情。走道右端尽头是制作室，以白色为主基调，采用地面与工作台面合一的新颖设计，在制作空间中融合了圆形下沉式讨论区域，既方便与客户探讨样稿又为员工提供一个休息讨论的舒适空间。与走道斜向相交的会议室以玻璃封闭空间，临走道的一面，以红、白两色布织带相间交织的轻松有趣地阻挡了视线，在保持一定的私密性的同时，也避免了空间的乏味与闭塞。

1	2
3	
4 5	6

1　二层平面图
2　方形元素，自然的植物，素混凝土墙面都演绎着内建筑的风格
3　二楼的走道，影天的LOGO变换出现
4　二楼会议室，简单而出彩
5-6　二楼走道，丝丝缕缕的光线透了进来，明明灭灭，置身其中仿佛在穿越时光隧道

　　三楼主要为高层办公室。影天董事长也是位收藏家，他的办公室风格与一、二层截然不同。青砖门框、雕花木门、石质门槛一望便知他的收藏喜好。办公室内也巧妙地融入一些具有传统特征的中式元素，如入口玄关就以轻钢龙骨与藤编组合出隔断，含蓄而雅致。另外，为展示优秀的摄影和绘画作品，一层还特设了展示厅。

　　除空间设计外，方案同时对家具配置和照明做了总体规划，以使设计风格能够贯穿始终。设计师对办公桌椅依据趣味性原则进行了设计定制，办公桌间的绿色叶片状隔断就从色彩与形体上营造出愉悦的工作环境氛围。在照明方面，设计通过对照度和色温的统一，控制整体光环境，提升了设计总体效果。

　　出于对高速发展不确定性的认识，在对影天办公楼改造设计中，内建筑依然坚持走低技路线，即以低技的手段，非常规材料的应用达到令人满意的设计感。如办公空间中电线、网络线等线路全部由顶棚垂下，以红色气管螺旋状包裹住，这种借鉴了明显的工业化车间特征的做法比地面固定线路更具灵活性，同时也以低廉的材料为空间增添了耐人寻味的细节。

1　三楼总经理办公室，有着严肃和安逸
2　三楼走廊
3-4　三楼特地为客户准备的客房
5　三层平面图
6　办公楼三楼一隅的休息处，玻璃拉门外翠绿的植物与室内白色的椅子都营造了无上的简约自然风格

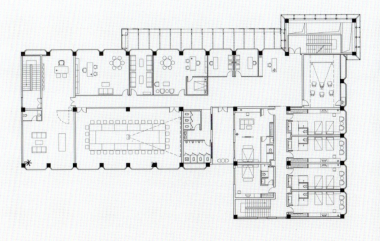

实验素描与环境艺术设计

撰文 | 李媛 吴昊
图片提供 | 西安美术学院建筑环境艺术系

最近，西安美术学院建筑环境艺术系与法国巴黎国立装饰艺术学院多米尼克·提诺（DOMINIQUE·THINOT）教授合作，在2007"艺术与建筑"课题研究班进行了将传统绘画艺术手段与现代环境艺术设计教育结合的一次尝试。这是运用实验性专业素描的教学手段培养学生具有个性特质的原创空间设计思维；运用实验性素描的教学培养学生具有原创与审美元素创造性的一项可行性教学。本文记录了这次尝试的过程，展示了教学的成果，同时论述了其在传统绘画艺术手段与现代环境艺术设计教育的结合与创新方面的研究成果。

世间万物相生相克，此消彼长是亘古不变的真理，一切事物都应在变化和发展之中保持自己鲜活的生命力。纵观我国各高校的环境艺术设计专业，在组成其基础教学的各学科当中，传统绘画均为重要的基础教学手段，支撑着环境艺术设计专业的基础水平，并对环境艺术设计未来的发展高度和质量具有着重要的潜作用。当时间的巨轮迈入数字信息时代的时候，如何将传统绘画手段与现代艺术设计教育相结合，如何在新时代和学科发展的过程中，不断挖掘传统绘画的深层内涵，寻找其与现代环境艺术设计教育的创新结合点，将是我国环境艺术设计教育界必将面临、解决的重要课题和未来必然的发展趋势。

在传统绘画当中，素描作为一切绘画的基础以及研究绘画艺术所必须经过的特定阶段，成为各高校环境艺术设计专业最为重要的造型基础课程之一。对于环境艺术设计专业而言，素描是学生理解空间与实体的构成关系，并在其大脑中形成设计原创形式元素的重要手段之一；素描也是一个优秀的环境艺术设计师在今后几十年的从业道路中必备的造型能力和理解能力的基础，对于环境艺术设计原创意识的培养具有重要的现实意义。因此，如何让素描在数字化信息时代的环境艺术设计中发挥更为重要的作用；如何让学生从素描当中汲取全新的设计理念、意识、方法和元素；如何能在今天找到素描与环境艺术设计专业更深的结合点并再次焕发新的光彩和内涵，将是整个环境艺术设计教育界对传统教学手段所必需面对和解决的重要课题。

为此，西安美术学院建筑环境艺术系在近5年的教学实践中，对素描的设计教育实践改革进行了不懈的探索，取得了长足的进步和一系列显著的成绩，并最终在与法国艺术大师的学术与艺术设计教育交流活动，即"法国巴黎国立装饰艺术设计学院多米尼克·提诺教授2007'艺术与建筑'中国·西安研究班"当中得到了进一步的提升，形成了更为成熟的环境艺术设计教育研究成果。该研究是建立在中法高等艺术设计学院之间的学术交流与相互学习基础之上的重要活动；是西安美术学院和法国巴黎国立装饰艺术学院之间重要的学术交流活动；是西安美术学院建筑环境艺术系和法国艺术大师多米尼克·提诺教授在学术和设计教育方法上的研究、交流活动，并对西安美院建筑环境艺术系的基础设

2005级胡光强同学的作品

1		4	
2	3		5

1-5 提诺教授教学素描优秀作品

计教育和专业设计教育产生了极大的促进和推动作用，无疑这项合作性学术交流成果必将产生深远的国际影响。

此次国际性的学术研究与交流活动历时十天左右，形式以选拔硕士、本科优秀学生形成的研究团队为主，以从西安商南地区采集而来的形态各具的矿物质岩石（如：方解石、拓楠、金云母、黄铜矿、赤铜矿等）为实体参照物，通过运用素描的绘画手段来解析和放大石头的形态与体块之间的空间构成关系，让学生在大脑中形成的实体形式和空间元素认知信息的潜意识转化成环境艺术设计创意的灵感。课题研究的目的是让学生通

过传统素描的绘画手段，从自然界的事物中提取设计形式及原创启示，借此认识并解决什么是具体的设计创意？设计创造源于哪里，如何寻找？如何发展自己独特的创造性思维等等的有关于设计意识本源的问题，从而解决在环境艺术设计教育中最重要的环节即设计创意与意识培养的难题。课题研究的手段在 2300mm×1800mm 的纸幅上运用素描的研究手法对各种形态的石头进行实体、空间构成分析和艺术性创意，然后再通过泥塑建筑设计模型将前一阶段的研究成果转化成原创设计方案，所以，课题也主要分为专业绘画性素描阶段和建筑设计创意模型制作阶段。

这次课程性质的研究成果是丰硕的，分别从专业的纵深发展方向，学生的个性化设计教育培养及其设计师的设计形式元素提纯等多方面反映出立足从实验性素描探索建筑创作与发展方向对当今环境艺术设计教育研究性实践的重要性，其现实意义体现在以下几个方面。

一 运用实验性专业素描的教学手段培养学生具有个性特质的原创空间设计思维

培养学生的创造力，从而产生独具特色的创意和灵感是环境艺术设计教育的主要目标。为此多米尼克·提诺教授说（由西美外事交流处主任吴树农老师译）："独创性不是从自私的角度去考虑，独创性更应该考虑到给别人带来的想像空间，在今天，越是全球化，自我意识就越是会逐渐消失掉，而艺术家反过来对世界就会更有意义——'我们应该拒绝被淹没！'"，这个目标要求学生必须在掌握环境艺术设计技术层面的普遍性知识的基础上，在设计原创意识方面具有很强的个性化特质，只有这样才能让学生在近似游戏的过程中去发现、挖掘自己的创造力。所以，此次研究自始至终都贯彻了在环境艺术学科的框架体系内，让学生学会用专业素描的手段来研究空间、实体，并最大限度地培养学生具有个性特质的创造性设计创意思维。

选石是此项研究的伊始，也是学生通过素

2005级陈坤同学的石头原型和他的作品

描走进石头、走进空间、走进设计的伊始。每块石头都有自己优美的一面，它独具特色的形状和体块特征都有利于学生打开原创的思路，因此，学生们依据自己的喜好选择了有感觉的石头。建筑环境艺术系2006级胡光强同学因为对研究提供的石头不是很有感觉，自己就到建筑工地选择了一小块高度为8cm的深灰色建筑石材，他说："建筑工地有很多不同形态的石头，我平时也喜欢到建筑工地去看看。我画了很多不同的石头，提诺教授最后给我选择了这块石头，我本人也喜欢这个石头，从结构上说，它很有体块感，感觉很高耸，就像是一个教堂；它还有一种旋转感。"当有了这样的开始之后，他便据此创作了一幅具有建筑美感的实验性素描。2005级彭昀同学则选择了一块大家都不太喜欢的石头，她说："我很幸运，我很喜欢这块石头，我也不知道我为什么会选择这块石头……它整体的形状就像一个从月球上掉下来的石头，我觉得它不是这个地球上的，所以，我对它非常感兴趣，它和它整个的空间结构，还有它的这些线条都是非常有意思的。"笔者认为用石头来展开设计、走进设计，是一个发现美的旅程的开始并点评到："我们选择一块石头，很自然的石头来展示设计，

证明了你对这块石头有这种倾向，这块石头很符合你的性格，你在这块石头上进行二次发挥的设计就是你的原创，而带给你原创的感觉不是说别人都对它感兴趣，是你在这其中发现了美。这种审美不是每个人都能够发现的。"

同样，选石阶段之后的素描分析和泥塑设计原创模型阶段也都贯彻了最大限度地培养学生个性特质的原创思维与审美发现，为最后形成的40套课题（原创模型）研究成果选择了正确的方向。

二 运用实验性素描的教学培养具有原创与审美元素创造性的一项可行性教学

素描分析阶段主要是运用素描的方法让学生对石头分别进行小稿和大稿的绘画性质的理解分析。其中，小画稿是对石头进行宏观分析并对其形态、特性形成概念性的理解。2300mm×1800mm的大素描画稿是对小素描稿局部形态的放大或转化，是对石头的每一个细节成倍的扩大。从小稿到大稿的转化，让学生体味了走进素描、走进石头、走进建筑、走进环境的感受，用身体去感受空间，用身体去表现空间，用心理去创造空间，这种真实的感受就是学生通过大稿素描在表现石头的过程中所感受到的各组成体块的特性及它们之间的穿插关系。有学生说："我在构图上面体现张力，就像有很多条路通往一个建筑一样。我的构图是在上面、下面、左面、右面都有一种向外的张力，就像四条道路的目的地有一个建筑，强调体块感。"多米尼克·提诺教授在指导青年教师张豪的作品时说到："如果你的纸张够大的话，你可以把它画得无限大，就是说，当你面对这样一个事物的时候，你可以变成一个非常大的建筑物中的一个人，可以在建筑中间穿行。"

在西方的建筑理论中经常会提到空间"原型"的概念，这次研究过程通过素描的研究手段非常有力和真实地向大家证明了空间原型就是自然原生的事物中，物体与物体之间或者物体的组成部分之间（如：方解石的组成体块之间）的空间构成关系，而这种空间构成关系亦是环境艺术设计元素提纯的重要的参考对象。通过40个学生的学习实践结果可以得出：原创设计形式的提纯对于设计师来说是至关重要的，设计形式的提纯不仅可以实体性元素为参照对象，更应该对实体与实体之间的空间组成、穿插关系进行深入的理解和研究，从而将这种空间构成关系变成环境艺术设计创意的源泉。这一点对于以空间为主体，重点探讨空间与实体之间关系的环境艺术设计来说具有很重要的现实意义。

此外，在素描阶段的后期，多米尼克·提诺教授要求在黑白的画面上运用特定的色粉笔来体

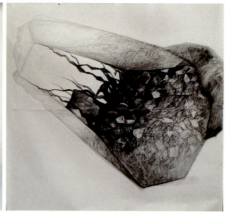

2005级在职研究生朱尽艳同学的石头原型和她的作品

1	3	4
2		

1-3　提诺教授教学素描优秀作品
4　素描现场

现光照在石头，从它的表面划过时，石头所呈现出来的黑白世界与彩色世界相映衬的体积感和色彩感。为此，吴昊教授在对学生的作品点评时谈到："它是一种强调在光、色之间的透明状态。实际上，这种透明状态使作者不能在画面上使劲地涂抹颜色，在画面上再罩上一层颜色（这样做可能就比较麻烦了）它应该是依附在这个物体上面的光的作用，是在光的影响下产生的一种色彩关系，这种颜色不仅和空间存在着关系，和空气也存在着关系。这也是素描进行教学改革创新的一个重要的途径。"

总之，通过这种实验性素描的方式，可以使学生从更深的层次去理解石头、光、素描、色彩、空间、形式、肌理质感等重要的设计问题，为培养原创思维打下了扎实的基础。这样做，不仅给了素描的黑白世界一个色彩的出口；也给了每一个学生在原创思维上更高的升华点，用多米尼克·提诺教授的话来说："是有一束光线投射在了建筑之上，初生的建筑洒满了金色的阳光，流淌过了沟壑与山谷、平原和丘陵。"

三　运用实验性素描的教学手段有利于学生进行空间设计形式元素记忆的潜意识积累；有利于学生对原创性设计思维的保存、分析、转化和升华

对于环境艺术设计学科而言，实验性素描是学生进行空间形式元素记忆的潜意识积累的有效途径，即设计原创思维积累的有效途径。因为，素描首先必须对参照物的形态进行分析和塑造，这样的过程事实上在学生的心理已经留下了很深的印象即认知信息，认知信息最终将形成潜意识而成为学生进行设计原创的灵感的源泉。大多数学生都能很深刻地感受到这一点，如建筑环境艺术系2005级学生彭昀说："我是非常喜欢这块石头的，是潜意识当中的一种喜欢，因为在表达这幅画的时候，我只是把我潜意识当中的想法表达了出来。然后，从这幅大画再转移到我的空间设计作品，是在潜意识当中有很多喜欢的东西无意当中流露出来的，因为我喜欢的元素在这里面都反映了出来，比如说这些边缘线，还有它独特的像飞碟一样的造型，都是我非常感兴趣的，还有它表面的特点以及它在阳光下面斑驳的光影效果，这都是我想表达出来的……我感觉这就像一个城堡一样，它的光影效果以及它从背面给我的一个感觉，使这幅画中出现了一种潜意识和物体意像相结合的画面效果。"笔者的原创设计模型也和石头几乎不同，只是运用了方解石体块之间穿插的方式和最主要的几个结构体块的潜意识形态概念进行了一个现代艺术博物馆建筑的

2005级李晨同学的石头原型和他的作品

设计创意。

　　总之，在环境艺术设计教育学科体系内，运用实验性素描的教学手段有利于学生进行空间设计形式元素记忆的潜意识积累，并最终转化为具有原创精神的设计形式核心。同时，运用实验性素描和三维创意模型相结合的教学手段，有利于学生对原创性设计思维进行保存、分析、转化和升华。可以看到，此次研究的第三阶段是学生自己动手制作建筑及环境创意模型。应该说，石头是走入空间素描的门，空间素描是走入实体空间的通道，三维泥稿模型则是走出空间素描和走进环境艺术空间的桥梁，这几重关系有利地证明了素描与环境艺术设计教育之间具有着深刻的相互作用、相互促进的关系。与此同时，此项研究也说明了实验性空间素描在现代环境艺术设计教育发展中的改革与创新具有非常重要的学术价值和现实意义，正如西安美术学院杨晓阳院长在研究汇报展《走进石头的空间》上所说："这次教学理念和方法体现了中国哲学'以小见大'的理念……是以一个非常小的事物比喻了一个大的道理……"，我们要让大家都非常熟悉的素描，在环境艺术设计的领域中，获得新鲜的专业化发展的最佳途径，从而为我国的环境艺术教育事业和更多的培养优秀的环境艺术设计人才发挥更大的效能和潜力！

青年教师及学生感言

走进石头的空间 —— 上提诺教授的研修课有感

设计元素的提纯有两种形式，一种是对自然界中各种事物的实体性元素的提纯，另一种则是对原生的空间构成形式的提纯，这次的研修过程就是对方解石原生的空间构成形式的提纯，即对建筑空间原型形态的寻找过程。

我真实地感受了这个过程：从一块方解石入手，通过素描的手段，走进了以石头为原型的空间体系，又从石头中走了出来，在潜意识留存的痕迹作用下，进行了一个以美术馆为主题的建筑空间的转化、设计与制作。这是一个相对完整的过程，让我在走进与走出中，实现了一次从设计方法和设计理念的超越。

素描是进入，设计是走出，而它们都以形式表现了一种生动的真实，我享受这种状态，它让你体验了静如止水中的律动和内涵。

李媛

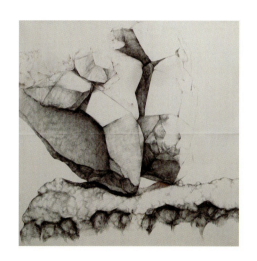

感觉她的味道

石头，这是个我不曾思考过的物体，遇到，或踩到她，甚至被她撞到了，仅仅只是摸摸她或我而已，因为彼此都疼痛……

研修班是一个经历，一个积累中的对思想的同时爆发和更深的思考，每个物体都有生命，包括石头，石头也有思想，而我这次在研修的过程中，提诺教授激发了我的就是从任何平凡中发现属于自己脑子里，自己的空间，美。美，在于相对性，而我就是在空间体积极强的石头深处，积极去体现相对美，这对我在以后自己的设计思想中会更有促进作用。

提诺教授是个很可爱的老师，我喜欢偷偷的跟在他屁股后面听他说很多，更喜欢看他那富有超强想象力的姿体语言。

石头是大自然无穷多媒介的其中一个，传播石头的感觉来融入我们的空间，这是一次很好的学习经历，还有更多的是有一个开心热情的团队，热情继续延续

陈施

感悟空间 设计空间

创作这个作品是我在提诺教授的素描课程结束时的一个小总结，根据石头进行的素描创作：三个方向的体块穿插关系，是在进行力的均衡与失衡研究中的意念形象转化。它既是一个建筑模型，也是一件艺术品。它体现了我在这次课程上学到的东西，虽然还很不成熟，但足以让我兴奋，乐在其中。

在自然中感悟空间，通过素描表现独创性，这是提诺教授对这次课程的要求。通过对石头形态的描写，体味纸面上空间的层层关系，从这个过程中培养了对建筑的设计能力，包括形体、结构、光线、颜色、符号等等，将这些细微的感觉整理总结，最终通过泥塑的作品诠释出自己对空间的一些新的感悟和理解，展示出自己的独创能力。

我这个作品的主体是从石头中提取的形体，使他们相互穿插，形成形体与光线的对话，通过建筑对光的约束体现建筑形体的空间感和艺术性，这个空间存在，是一种自由的设计语汇，通过建筑的形式表现出来，一定使观者印象更加深刻。

谭明

 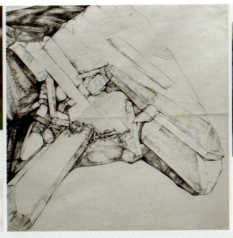 

进入石头的空间 —— 觉

每块岩石都有其可讲述的经历。

拿上一块岩石你就可以透过它上面的痕迹解读它的过去。这条痕迹说明曾有冰河流过；表面的平滑反映它曾饱受狂风吹袭；凹凸不平的坑点则证明它惨遭过酸雨的摧残……

人要找回自己，就要重新认识自己在自然界中的角色，要重建自然赐予的灵性与赞美自然的神圣，才能重新认识人，及与它脐带相连的环境与其他的生命。要达到这一步必须有新的生态观。我们应视世界为一个活的有机体——盖娅（大地之母）。人不是盖娅的唯一和主要器官，人的社会不是他唯一的系统。唯有同所有的器官与集体运作所有系统，这个大生命才能健康与长寿。我们要平等地对待其他生命，朝可永续社会的方向去生活。

我们要对自然绝对地尊重，要把阳光、土壤、水分，其真正的生命得以展现。

如果人类仍然值得并能够在这个大地上生存下去的话，我们的精神就需要某种"根本性的复位"。

韩菡

 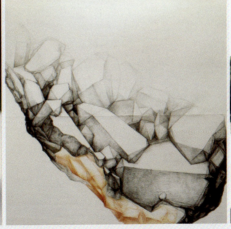 

石头的空间 —— 学习和作品感言

我们这群学生跟随多米尼克·提诺教授的，思想和教学揭开了艺术与自然的联系。

一片晶莹璀璨可观微妙的水晶中了解建筑环艺设计的新层面。所有的创作和艺术张力都将在这晶莹剔透的小小世界里变为现实。通过现实了解自然的艺术创造力，了解自然的艺术气息。

多米尼克·提诺教授告诉我们明确自身的独创性，了解自身在地球上的方向。就象自己手上的石头一样的独特。以自然的特性从而体会建筑的创作。通过三维的"石头"了解建筑空间中的生成，创造出自身原创性、独特性的建筑设计。

在石头中了解空间的构成与现实的联系。体现自然是艺术的源泉。通过此次课程多米尼克·提诺教授，要求空间和光的体现。还有自身的原创性。在作品中体现多米尼克·提诺教授的思想，学习小空间与大建筑空间的关系。

多米尼克·提诺教授，教给我们了学习的方法。是这次课程，我的最大收获。

陈玺

生长出来的无限度
GROWING SPACE OF INFINITI SHANGHAI

撰　　文	水若蓝、V&V
摄　　影	A.Du
资料提供	万谷健志

项目名称	无限度广场
概念设计	HMA设计事物所
设　　计	Aedas事务所
地　　址	上海市淮海中路138号

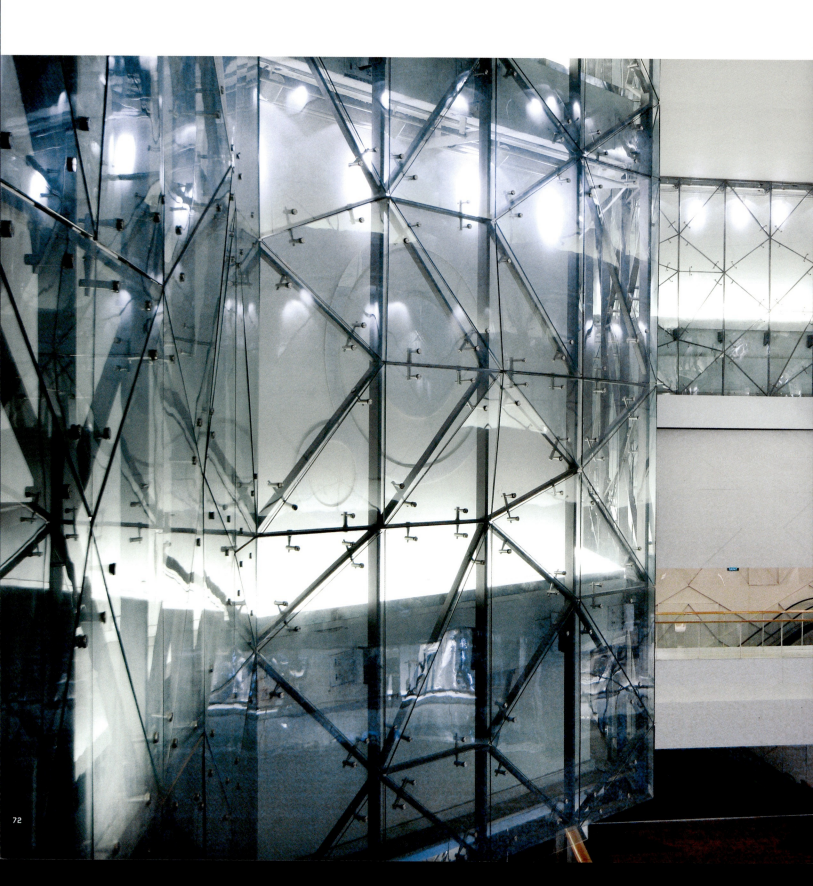

1 从三层侧面透视"无限度"中庭全景
2 敞亮的正门入口,几何造型的图案拼贴出具有Art Deco意味的廊道

"上海无限度"位于上海市中心最繁华的淮海中路东段,商场的主体为6层高的购物零售商场,落成于1997年,南临淮海中路,北向金陵路,东为龙门路,西为普安路。整个项目的总建筑面积达40000m²,其中地上面积为36000m²。

该项目周围的交通极为便捷,地铁一号线黄陂南路站近在咫尺,周边商厦林立,各大著名百货公司、酒店,如花园饭店、太平洋百货、连卡佛、东方美莎,均信步可至,其繁华程度可见一斑。正因为如此优越的地理位置,让"无限度"地域终日人流不息。

随着中国社会经济的进一步发展,市场开放带来了更多的商品选择,刺激人们的消费欲望,这一点在上海尤其迅猛。而新一代消费主力军日趋年轻化,并拥有实力追求富有个性的生活方式。特别上海本地人受海派文化的影响,更容易接受国际潮流时尚。

2006年年中,新投资方入驻"上海无限度",开始规划改造建设。成功开发了上海时尚地标——8号桥的黄瀚泓先生和他的时尚生活中心策划咨询(上海)有限公司直接负责整个商场项目的规划及改造和运营,在他们的规划下,"上海无限度"被打造为具有个性化、互动性的一站式体验型消费中心,将购物、休闲与娱乐结合,成为城市潮流先锋地与最热的时尚聚焦地。

"上海无限度"以吸引国际个性品牌进驻、搭建引领行业的时尚平台、填补时尚消费者的市场空白成为己任,以成为中国的潮流先驱、时尚聚焦地为目标,其消费者对象为那些对生活品味有追求的年轻专才及高级白领。

1 不锈钢柱与玻璃互为交织,构成层次丰富的图案
2 一层平面图
3 地下一层平面图

第一次去"无限度"(Infiniti)是年初的时候参加朋友的生日聚会。几年前那里的称谓是上海广场,比较成熟地进入人们思维的也许就只有底楼的Baby Face和新旺茶餐厅了。如今,经过重新的规划、突破的装饰、合理有趣的业态呈现,让人不免有耳目一新的感觉。

虽然,"无限度"的建筑外立面也进行了修饰,但对于一个位于淮海中路的商场来说,漆白衬光的穿孔板并不能吸引十二万分的瞩目,因为周围的环境都太繁华了。设计方显然也意识到了这一点,所以没有把重点放在既定的建筑外立面上,而是专攻室内的部分,通过全然不同的规划思路与风格演绎,运用创新的表现手段,营造出让人难忘的商业卖场的氛围。

当你进入"无限度"的时候,你会有一种探险的新奇感觉,因为它既是容纳各种商业业态的一个容器,它本身又是一个完整理念构建出的室内空间——由无数个颠覆通常Shopping Mall概念的注解,完成了整个项目的诠释定义。

"无限度"的空间犹如具有生命状态一般,所有的装饰都以某种动态的效果呈现,当人处于其中时,头脑里自然而然会出现"生长"这两个字的文字感觉——它仿佛像树,又好似藤蔓,从地底生发而成,蜿蜒茁壮,与人工的、自然的事物合而为一体,扭缠纠结之后,融合成一个完美的形体。

整个项目最终完成时将具有6个层面的形态,除了底层之外,一、二、三层共有一个气势宏伟的中庭,中庭的顶端是由钢骨构架的玻璃天棚,阳光明媚时投下自然的天光,阴雨连绵时浸润浮泛的水幕及连天浓云,想是到了傍晚,湛蓝的天色将"无限度"染得迷离梦幻,而夜深了则挂上明灭的星斗,建筑与自然成了互为相依的存在。四层之上的区域在规划上是比较向内的,每每会有独具特色、内敛、别致的店铺居于此地。目前,五层尚未整体完成,据称那里将会有一个集健身、SPA等功能为一体的康体中心会所。

总是,生长出来的"无限度"因"生长"的概念而变得真正无限起来。

实录

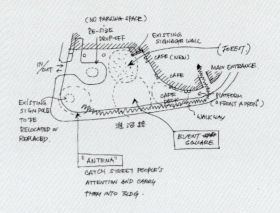
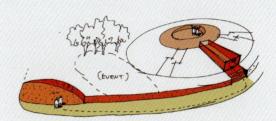
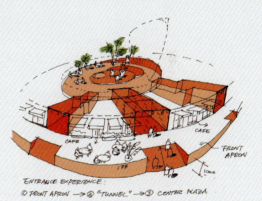
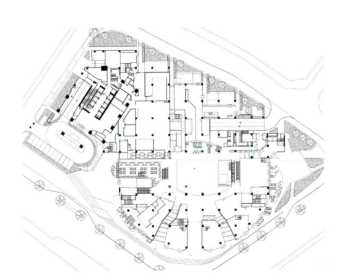
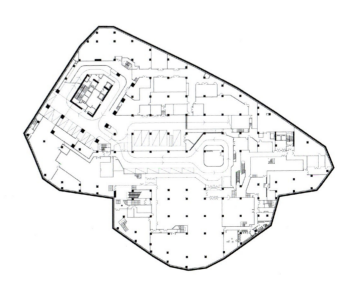

1 从"无限度"内侧向外看主入口,一侧是紫色的信息中心,由圆柱构成
2 三角形的形状构成了舞台般的造型
3 "飘带"一般装饰的侧边出入口。红色的部分是滚动显示的 LED 电子显示屏

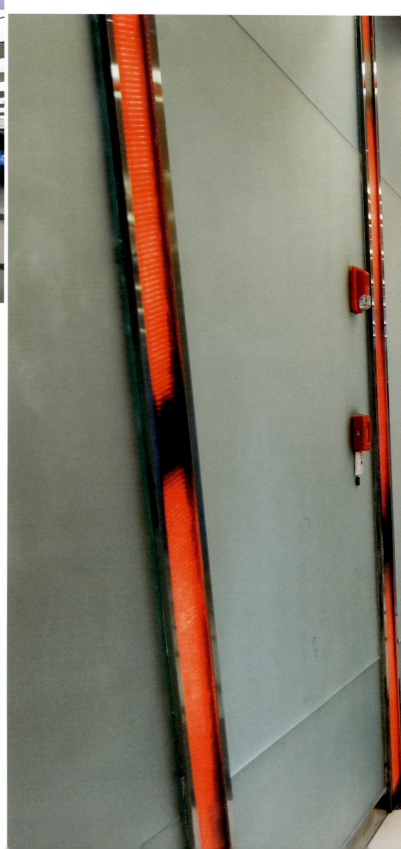

入口及底楼中庭

"无限度"在底楼的许多方向都设置了出入口,然而正对淮海中路大上海时代广场的入口气势最为庞大,应为主入口。该入口用三角面的排列组合构成一个光的隧道,几何的形体呈现出 Art Deco 的美态。商场的玻璃门也似乎为了呼应这种几何特征而刻意幻化成斜边的梯形。地面上的大理石都预先经过设计师的图案布局,与环境配合得天衣无缝。而令人印象最为深刻的则是"无限度"的几个偏侧的出入口,设计师在空间中挥洒出层层推进的斜纹"飘带",地面、墙面、顶棚满满都是,飘带连绵不断,形态优美而独特,尤其是墙面与顶棚的"飘带"都内嵌红色 LED 显示的电子动态字幕,滚动的文字不断推进、运动,让人感受到无限的生机,让人不禁想起了爱马仕系列广告中灵动漂浮的橙色丝带。

商场的中庭气势宏伟,开阔的场地自然是将来举行各种活动的极佳场所。靠东的一侧安置着一个由木纹材质构成的舞台,平稳朴质的贯直线条与斜向错综的木纹拼合纹理表现出简练的美感,如无言的注脚居停于整个中庭的一隅。仰头看,3层高的中庭朝向南北的两面墙体上裹覆了由不锈钢管及玻璃构成的装饰,玻璃内还设置了犹如橱窗的灯光效果,灯光映照得犹如水晶宫一般,内侧的无限度的白色 LOGO 则显得低调了许多。

此外一些细节上的处理也很到位,比如由原柱形体构成的紫色信息中心,色彩斑斓的电梯间等。

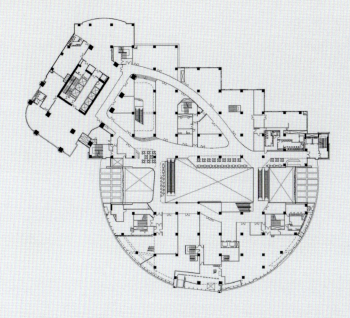

二层

通过扶梯登临二层，整个空间仿佛是马赛克的天堂，黑、白、金，各色的马赛克好似天然地由土里生长而出，形成各种明丽的图案，同时它们又极有秩序地在空间中蔓延，将各个局部的店铺连成一片。

在整个区域中，最让人难忘的是二层与三层的过渡区域。层层抬高的阶台让人感觉那里好似一个舞台一般，内挑高的空间也具有2个层面的高度，显得极为开阔。建筑本身的梁柱要么被黑色包裹，要么被镜面材料包裹，无非是为了凸现出三层顶棚处垂挂下的红色枝蔓造型的经典水晶吊灯，让人仿佛进入了某个欧洲剧院的所在。

| 1 | 2 3 |

1　二层是铺陈马赛克与方砖的所在，律动的图案在空间中自由蔓延
2　二层平面图
3　二层通向三层的电梯气势宏伟，尤其是那红色的水晶吊灯在背景黑色的衬托下，格外醒目

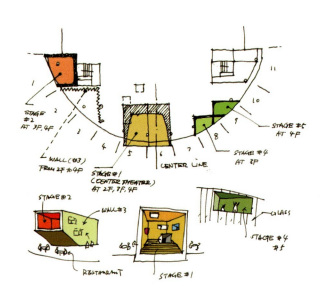

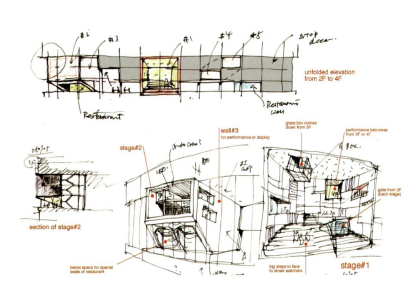

三层

各个位于三层的店铺都像是由玻璃构成的盒子，形态各异地拼装在"无限度"的空间内。树纹的生长线是这个层面的特色，它镶嵌在大理石的地面之中，自由游走，时而还会伸展到墙面之上。随着树纹在整个层面漫步其实也是一种极为愉快的经历，经由它的导向，你会发现许多有趣的细节。比如几何白色木板的墙面，中间的部分还嵌入细条的镜子，让人误把内在的虚幻空间当作真实；顶棚内的灯槽线条流畅，顺着空间的走向，与玻璃镜面构成错综的线条；站在靠近中庭的扶手边，抬头能近距离审视透光的顶棚，俯视则把整个中庭尽收眼底。

| 1 | 2 | 4 |
| 3 | | 5 |

1. 顶棚处的光带与镜面中的倒影连成一气，成为室内一景
2. 木纹在三层生发，延续到空间的每一个角落，地面、墙面、顶棚都是
3. 三层平面图
4-5. 三层靠西的侧面有一排扶栏，从这里能够俯瞰整个"无限度"的中庭，抬头还能见到透光的顶棚

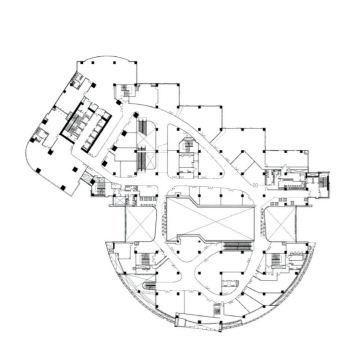
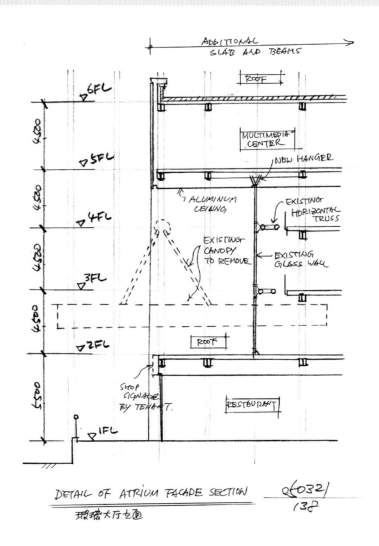

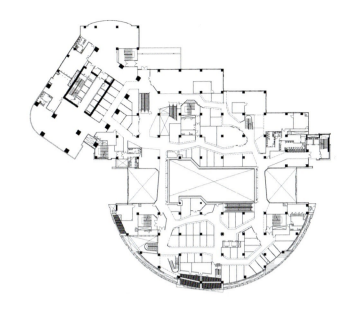

四层

也是由水晶吊灯引导而出的,然而这里的色彩没有楼下的那么艳丽的红,而是平和的白。整个四层营造的理念是把街道安置在室内,贯穿在商场内的小道错综复杂,让人仿佛进入了一个古城的集市。街灯倒成了一种合理的装饰,让人感觉有别样的情趣,这里设计师非常乐意"造景",一个个场景让整个层面犹如影视基地一般。其中有马赛克纹样装饰的墙面,粗砺砖面上满是涂鸦,其实它们都是经过精心装饰的,无论是散乱的轮胎,还是破破的自行车。

1 四层是"街道"的概念,把室外的构成纳入室内,空间也就变得极为有趣了
2 纯白的水晶吊灯显得淡泊纯净,与背景的黑白图案形成呼应
3 四层平面图
4 满墙的涂鸦其实是经过精心规划的,与旧自信车、破轮胎等构成"街"头一景

实录

冰与火
ABSOLUT ICEBAR

撰　文 ｜ 李品一
摄　影 ｜ 胡文杰等

项目名称　Absolut Icebar
项目地点　上海淮海中路138号无限度休闲广场B1层
设 计 师　Kinney Chan　Mark Amstrong　Ake Larsson

```
      3
1 2 | 4 5
```

1-2　Aurora餐厅的大厅与DJ台，简单的餐桌使整个空间气氛轻松
3　冰雪森林的墙纸被运用在Aurora餐厅的很多地方，营造了北欧寒冷的感觉
4-5　Aurora餐厅入口左侧的仿照北极冰屋设计的包间

　　在炎热的夏天里突然走入一个冰天雪地的空间曾经是我们的白日梦想，然而新近在上海开张的Absolut Icebar真的为我们营造了一个纯净的冰的世界，让我们享受到从北欧吹来的阵阵凉风。

　　上海的Absolut Icebar位于淮海中路138号Infiniti无限度广场地下一层，由暖吧——Aurora餐厅和冰吧——Icebar共同组成。走进Aurora餐厅，就被覆盖着整张驯鹿皮的大门吸引了。走过如同北极寒冰般的玻璃走廊，推开大门，映入眼帘的仿佛是冰天雪地里猎人们歇脚的有着温暖篝火跳跃的屋子。

　　自然，这就是设计师们想要传达给来到这里的人们的主题思想。

　　Aurora餐厅酒吧主要分为两个部分：主要部分为正对入口的大厅。大厅两边有各自独立的包间，每个包间可以容纳12个人。进门右侧的包间以天然原木搭建而成，就像北欧冰天雪地里打猎的猎人们休憩的木屋；左侧的包间是圆形拱顶，用嵌有白色晶片的闪亮大理石砌成的小屋子，营造了冰雪的感觉。这个设计的想法源自Icebar的产生地，瑞典Jukkasjrvi的Ice Hotel里。

　　两排包间的座椅都有驯鹿皮的坐垫，墙上用印有冰雪森林图案的壁纸装饰。这种壁纸同样用于从餐厅到盥洗室的甬道的两侧墙壁上。使用这种壁纸体现了设计师在细节处营造北欧自然感觉的用意。大厅中央最醒目的是黑色吧台。吧台是圆形的，中央有摆放饮料和可供调酒师及其他服务人员行动的空间。外圈放置18个同色系高脚凳，在吧台后面有着方正的白色

	1	
	3	2

大理石长形桌子,黑色的凳子与白色的桌子色彩对比鲜明却端庄严谨,适合喝咖啡、聊天、商谈等。纵观大厅,设计师加入了大量带有北欧风味的物品来显示着Aurora餐厅和Ice Hotel密切的关系。在这里,Ice Hotel中的一些具有象征意义的Logo都同样体现在了Aurora餐厅里。Aurora餐厅秉承了Ice Hotel亲近自然的特点,将拉普风格表现在餐厅各处。同时融合了本地特色,尽可能地将这两者协调在Aurora餐厅里。

次要部分是入口左侧的偏厅。偏厅的设计包含了设计师与业主在Ice Hotel体验期间自己的感受:室外天寒地冻,在冰屋里却温暖如春。跳跃的火焰放出晕黄的光芒,人们围坐成一圈,用原木制作的杯子边喝饮料边聊天。这些充满了人情味的内容都被设计师表现在这个偏厅里。实木桌椅,围成一圈的皮质沙发,墙面上用来装饰的木条交错纵横……在墙饰底部有如同

1-2 Aurora餐厅的偏厅,暖色的灯光从木条装饰中渗透出来,仿佛是篝火光芒
3 晚间表演的舞台,水晶形状的装饰既营造了雪花的感觉,同时也糅合了旧上海的奢华,将中国元素融入北极风情中

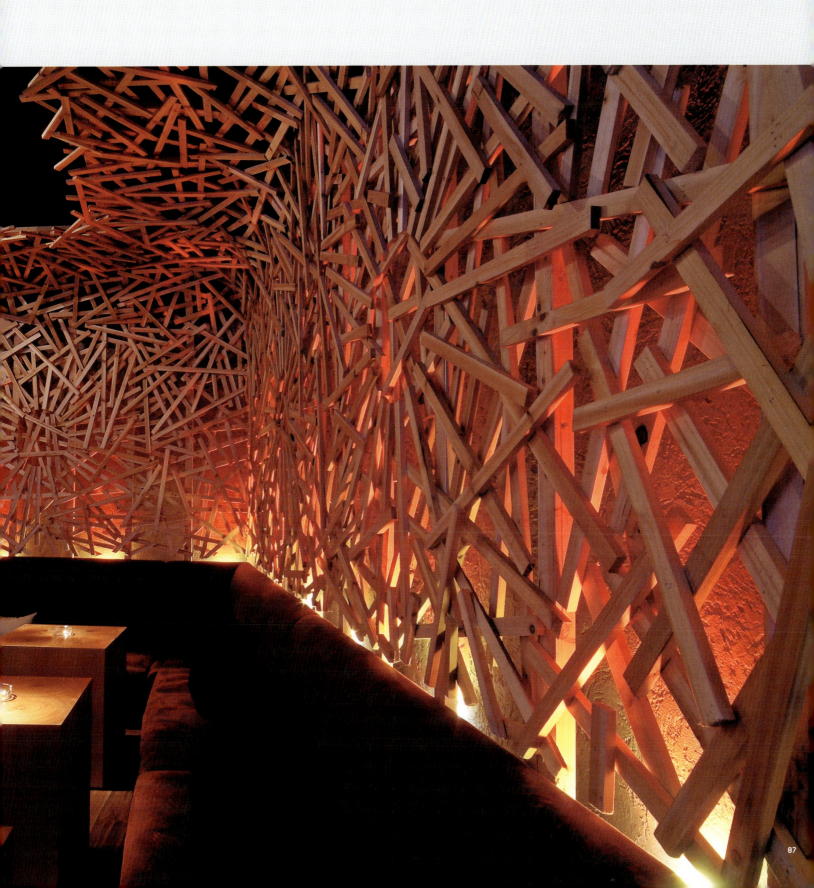

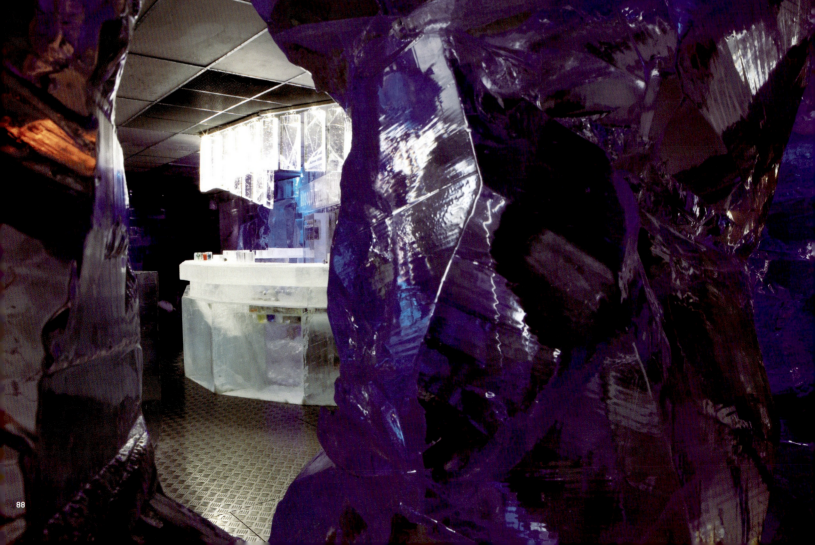

火光的光芒放射而出，这是设计师为了达到这样的表现效果特地在墙饰底部增加的射灯。

这里的工作人员习惯性地把 Aurora 餐厅称为"暖吧"，与冰吧——Icebar 相对。

在 Aurora 餐厅前台的旁边有一扇不起眼的门。当慕"冰吧"之名而来的人们提出去冰吧的要求时，服务人员会让他们先穿上一件保暖大衣，然后推开那扇引领人们进入真正的纯冰世界的门。

Icebar，是一个一直保持零下五度的空间。冰，是构造这个空间的最主要的材质。那些在冰内雕刻的字，告诉来到这里的人 Icebar 的起源是 Ice Hotel；Torne 河的冰是比水还要纯净的，以及镌刻了设计这个冰吧，将拉普风格传播到世界各地的设计师的名字：Mark Armstrong 和 Ake Larssom。

走入 Icebar，一座以玻璃和铁架做成的假冰山扑面而来。虽然是"假"的，但从冰山里透出的幽蓝之光也给人清爽的感觉。刚赞叹了在入口左侧的冰桌冰凳的晶莹，又被 Icebar 中央的吧台旁边那头面貌狰狞的北极熊所震撼。在 Icebar 里，每座冰雕都出自名家之手，有的是临场即兴之作，有的则经过艺术家反复琢磨。不管这些冰雕从哪里产生，它们都不约而同地表现了北极原始地貌和生态环境。这种在细部上的注意甚至表现在冰雕内部那鳞次栉比的针尖状气泡，它表现了北极主要有针木类植物与苔原存活的自然状态，进一步体现了 Absolut Icebar 以自然为设计出发点的精神，也体现了设计师在细微处下大功夫的设计风格。

将 Icebar 与 Aurora Restaurant 结合起来看，才是真正的 Absolut Icebar，才是提供了完整的极度冰寒于炽热情愫的 Absolut Icebar 在设计师的精心雕琢下，才使得一冰一火的它们相得益彰、相映成趣。

1	3	
2	4	5

1　Icebar 入口的全景，纯洁冰冷的感觉让人仿佛置身于北极
2　Icebar 的冰雕都是请不同艺术家原创的
3-5　Icebar 的主打产品，不同口味的 Absolut Vodka

和民居食屋
WATAMI INFINITI

| 撰　文 | 源博雅 |
| 摄　影 | 晴　明 |

项目名称	和民居食屋
项目地点	上海市淮海中路138号无限度广场3楼
设　　计	Infix Design上海英菲柯斯设计咨询有限公司

	3
1　2	4

1-2　粉红卡座区的两侧的散座区域
3-4　装饰着回纹方块的玻璃被"折"起来，形成迷离的魅惑

　　位于上海无限度的和民（Watami）居食屋给人最深的印象是它的粉红色，不是那种很飘的粉红，而是极为厚重的粉红。整个空间仿佛是由一整块可供折叠的粉色玻璃，经一折两折再折……而成的。

　　餐厅的外墙很隐蔽，主要是它与整体无限度广场的环境已然融为一体，不是和民的木色透露出来，很容易让人错过。其实整个和民的空间并不是十分理想，犹如风筝鹞子的餐厅格局本就不大，然而设计师巧妙地在餐厅一侧规划了一条长长的走道，用作通向和民的入口，让人感觉悠长而深邃，心理上也就把和民的实际面积扩大了。整个走道两侧的边墙，一面由横向的木条构成，一面则满是竖向的纹样装饰及玻璃，在视觉上拓展了纵与深的边界。

　　转入餐厅，迎面就是一个由空间中延续出的三角平台，上面布置着具有浓郁日式情怀的花艺。视线越过平台，装饰着回纹方块的玻璃被"折"起，构成餐厅中央绚丽的卡座区域。这回纹的方块玻璃被错层地排列起来，给人层层叠嶂的感觉，每块玻璃底下都由灯光辅射，辉映出迷离的互动光影。

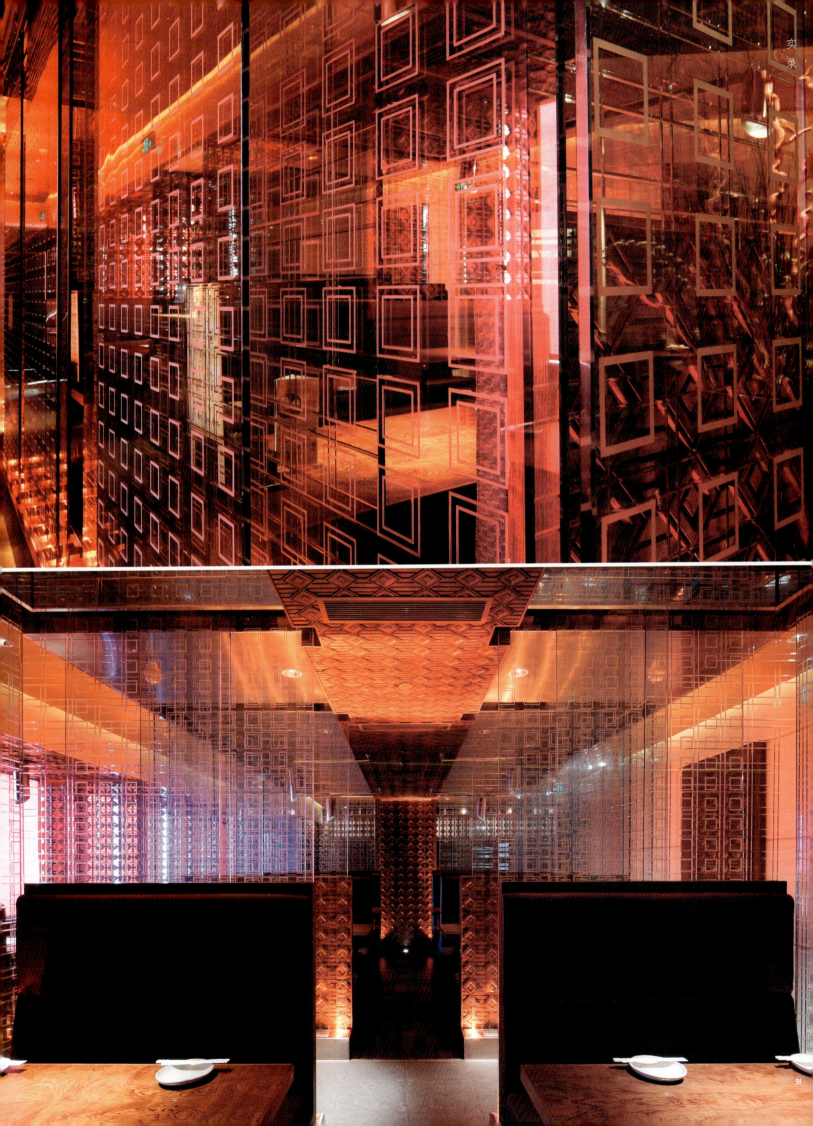

在粉红卡座区的两侧，分别是靠窗的座位以及一些隔开的散座区域。尤其是靠近和民门口的那两间，给人的印象极为深刻——设计师通过将横向的木板精心排列成富有韵律的格条，中间不设任何隔档，让横向的直线贯穿来去，留下的空，有些则是空间之间对视流动的所在，有些则设置了镜面，让人迷乱空间的真正秩序。

再往餐厅内深入，几个折角的区域都被设计师充分地利用了起来，紧凑的排座配上精心设计的、能够自如垂落的布幔，即使是不相干地人坐在一起用餐，也不会互相打扰。在空间的角落，设计师还特意安排了一面落地的镜子斜向地搁在墙角，两边的人走过都能够对视相见，既增强了服务人员送餐的安全性，也让空间转换的过渡柔和了许多。

和民的包房并不算大，位于餐厅的最里侧，墙面上满是由极为宽大的织物互为编织构成的装饰，在背景镜面的映照下，给人层叠不断的感觉。

| 1 | 2 |
| 4 | 3 |

1 设计师利用横向的木板精心排列成富有韵律的格条，中间不设任何隔档
2 包间中的墙面用编织的手法，产生独特的肌理和质感
3 玻璃装饰与横向木条共同打造了幽长而深邃的走道
4 平面图

实录

葡京煲煲好
PUJING BAOBAOHAO RESTAURANT

撰 文 | 源博雅
摄 影 | 晴 明

项目名称 | 葡京煲煲好
项目地点 | 上海市淮海中路138号无限度广场2楼
设　计 | Infix Design上海英菲柯斯设计咨询有限公司

葡京煲煲好的表面很奇特，这里所说的表面不是餐厅的菜肴，其实是餐厅空间内的墙面。

如果每次到葡京煲煲好你只是参加饭局，而不是从餐厅一头走到另一头的话，你可能每次只见到空间的一种风格，设计师通过不同的材质以及布局规划，让一个餐厅拥有了多样的装饰面貌。

从有着中式韵味的门扉进入，整个餐厅的接待区域给人极为典雅的感觉。从左侧进入，那里是葡京的大堂用餐区，映光面的亚克力材料是这个区域中最为亮眼的材料，无论是红色的还是柠檬黄色的，有些是墙面，有些更是顶棚的材料。相对来说赭灰色的墙面，则显得稳重了许多，其延伸到了餐厅的更内侧。

通向餐厅包房的区域有两条通道，一条是靠近餐厅边侧的过道，整个侧面的墙面上都是特别安置的装饰青砖石，形成几何形态的美感，而黑框架的玻璃隔断，配合着一排卡座，犹如某个茶餐厅的场景。另一条位于餐厅的中央，一段是员工过道，另一段则由红色的卡座沙发构成。

虽是同一家餐厅，但每次在不同的情境中用餐都是件乐事。葡京煲煲好的包房区域被密密匝匝排列构成的木栅整个包裹起来，予人极为浓郁的简约日式之美。木栅有机的几何形体让人犹如置身于森林之中。顶棚处的玻璃镜面更增强了这种效果。整个包房的规划犹如一个T字型的过道，各个包房就布局在过道的两侧。T字折角的尽头是一面微微弧形的装饰墙，墙面由细纹的水泥面构成，显出现代日式的情怀。

实录

1　半开放的卡座像茶餐厅般
2　弧形的装饰墙将包房区域隔断开来
3　入口处的石材与黄色光形成的对比，色彩鲜艳的亚克力材料在这里得到了充分的运用

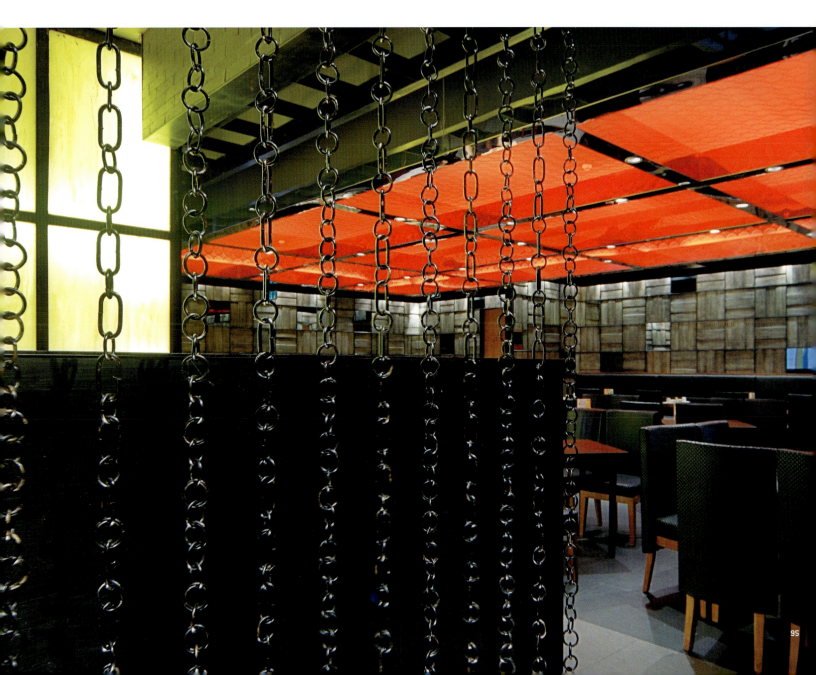

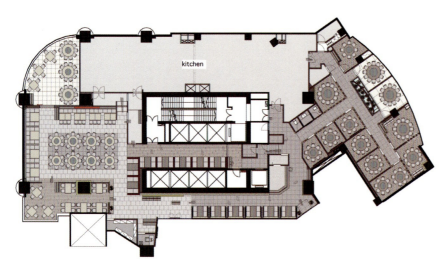

| 1 | 2 |
| 3 | 4 |

1　每个包间都被赋予不同风格
2　大厅区域的墙壁利用水泥做原料制造出仿原木的质感，一眼望去有以假乱真的效果
3　平面图
4　原木效果的包间长廊

FCC：风格的融合
FUSION OF ALL STYLES

| 撰　文 | 泠风 |
| 摄　影 | 水若蓝 |

项目名称	FCC喜喜府
项目地点	上海市巨鹿路889号11-12号楼
设　计	Kokaistudios

| 1 | 2 | 3 |

1　一层平面图
2　大门右侧是阳光明媚的地中海风情，白色的墙面、白色的桌椅配合淡雅简洁的装饰，显得素净而温馨
3　芒果般黄色的墙面充满了装饰艺术风情的FCC字样手工墙砖，将氛围点缀得异常别致

　　临近静安寺的巨鹿路永远是那么幽静，引得总有一干时尚拥趸在那里留连。曾经的欧越年代，如今改换了名头，变身为一个综合性的俱乐部喜喜府FCC（Foreign Culture Club）。一手打造餐厅别致而华丽环境的是曾经担纲外滩18号改建设计的Kokaistudios，两位主建筑师Filippo Gabbiani和Andrea Destefanis均来自意大利，他们紧密合作，最为擅长的就是旧建筑的改造，因此FCC对他们来说可谓驾轻就熟。

　　FCC最终给人的感觉别致而华丽，整个建筑不再单纯是一家餐厅，而是由西饼店、西餐厅、越南餐厅、酒吧、私人会所组成的综合体，各种风格完美地融合在了一起。设计师将四个FCC的组合字体拼合成LOGO，并将LOGO作为串联各个部分的线索，强化了空间的整体感。

实录

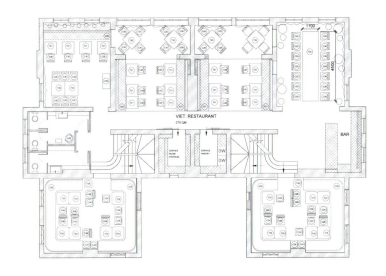

1	
	2
	3
	4
	5

1　楼梯口正对着整墙的镜面马赛克，幻化出迷离的感受
2-4　楼上有舒适的阳台以及漂亮的异国地砖，为淡雅的环境增色不少
5　二层平面图

La terrace

从大门进入，灯光投射下FCC的LOGO在地面上，引领来人到达接待台。转脸至接待台左侧，即迎来阳光明媚的地中海风情，那里就是西餐厅La terrace，它占据着FCC最完美享受阳光的区域。

白色的墙面、白色的桌椅，让人回想起希腊宁静的海滩边成群的别墅，特意配上的装饰淡雅且简洁，让人不免从素净中体味到温馨之感。除却那一色的纯白，餐厅的装饰细节也极其丰富。从顾长的吧台侧边的楼梯步上二楼，那里是似乎都被露台占据着，舒适而富于情调，满墙满地皆是玻璃马赛克及漂亮的异国地砖，而装饰于空间各处的别具艺术风情的彩色FCC字样手工墙砖，更是将氛围点缀得异常别致。

La terrace底楼楼梯口的整面墙上拼贴装饰着细格的镜面马赛克，幻化出迷离的一个世界，顺在它往里探去，是餐厅极富个性的洗手间，红色的是女士，蓝色的是男士，各个空间都由玻璃马赛克包裹起来，尤其是红色的女士空间，设计师特意安排了两个对视的洗手台，化妆镜上安置着整排的灯泡，让人想起了演出后台的化妆间，镜子向上延伸直至天花，最后连成一片，与之对应的是安置着红色门扉的坐便区域，让人仿佛进入了一个由两个真实世界构成的虚像世界。

Club Vietnam

接待台背面的楼梯是通向楼上Club Vietnam的通道，芒果黄般色彩的墙面上满是FCC的LOGO构成的图案，与之对应的是漆白的木扶手楼梯以及正红色的地毯。楼梯折角处安置下一间储酒室，设计师诙谐地手法在门上挖出一个酒瓶的造型，非常形象。

宁静和谐的热带自然风光，孕育出越南别样的民族文化。加之曾受过法国的殖民，越南文化带着浓重的法兰西式浪漫，正如人们在梁家辉饰演的《情人》中所见。记忆中的越南女子总是一袭素白纱袍，尖尖的斗笠下，时不时会藏着一个甜美的笑容，Club Vietnam也同样给人这样的感觉。

Kokaistudios的设计师将从植物叶型脱胎而来的图案幻化成镂刻的板材，布置在墙面、顶棚以及吧台的表面，在背光的辉映下，成了空间的一种标识，让人仿佛置身越南的热带丛林之中。这标识是素色的，正如越南的纯净，这标识也是温暖的，在夜色中给客人带来归家的喜悦。整个区域中最让人印象深刻的是布置精巧合宜的装饰品，让人感受到极强的越南风情。

1-2 设计师将从植物叶型脱胎而来的图案幻化成镂刻的板材
3 从另一侧的楼梯上到FCC夹层，热辣的越南风情浮现出来
4 夹层平面图
5-6 热带植物与装饰将法兰西式的浪漫描摹出来

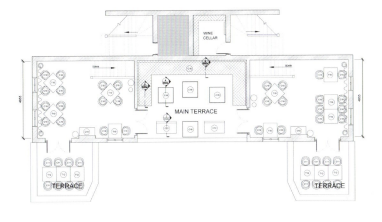

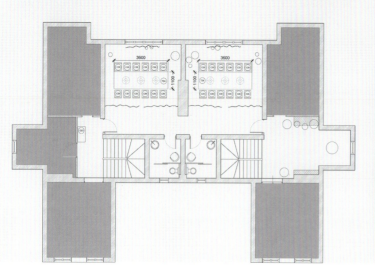

Bakery, Lounge Club

FCC 的西饼店位于底层接待台一侧，整体的设计非常简洁，功能性远远大于装饰性。那里的一面墙上满布着时新的唱片，悬挂其侧的 iPod 让客人能够第一时间聆听世界最新的音乐。

在二楼与三楼的错层上，设计师巧妙地安置上两个前后对称的区域，那里就是 Lounge Club 的所在。整个空间被一种色彩包裹起来，一间是红色的，另一间则是芒果黄色的。墙面上暗漆着放大了的 FCC 的 LOGO，光线变幻时，形成不同的面貌。长长的沙发上放置着各种纹样材质的靠垫，很是耐看。

扶梯而上，三楼的区域显然是 Club Vietnam 的延续，但那里其实是比较独立的宴会包房区域。楼梯口的区域，一塑浑身贴满小镜面的模特像单手支颐，端坐在 Loft 的天窗之下，伴着阳光、星月若有所思。包房的位置其实原本是建筑顶楼的阁楼，大小各异的 Loft 天窗被设计师同样装饰上纹样的刻板，丰富了空间的造型，同时也与室内的植物形成一种呼应。两间包房由垂地的红色布幔隔起，内里是一长条的案桌，让人不禁想起茂密深邃的热带丛林。

1	2		4	5
3			6	

1-2　精致的装饰品为FCC增色不少

3　　三层平面图

4-6　顶层的包间原是阁楼，大小各异的天窗被设计师装饰上相同纹样的刻板

实录

宽庭会馆
KUAN'S LIVING
承续昨日 启创今时

撰 文	Vicco Wu
摄 影	咏天
项目名称	宽庭会馆 Kuan's Living
项目地点	上海市莫干山路20号
设 计	陈瑞宪

塞纳河称得上是"巴黎的摇篮",两岸容纳了自古希腊以来的各类建筑风格,庄重与华丽并重。在有着东方巴黎美誉的上海,横贯整个城市的苏州河则孕育并滋养了中国的现代工业。

随着城市功能的变迁,东方塞纳河上的工业遗迹不再是生产制造的"容器",创造力成了这些空间继续留存并焕发新生的关键,四行仓库、莫干山路、登琨艳、东廊……这些名词与上海的文脉已连成一气。如今,位于莫干山路、经营顶级时尚家纺工艺的宽庭会馆(Kuan's Living)也成了一个象征符号,书写入其中。

用历史文脉书写空间

有着十五六米高的宽庭会馆，其建筑原是整个莫干山厂区的锅炉房，曾经整个园区的生产用热水都由这里供应。原本的建筑分上下两层，下层层高约3m，出于保固的目的，曾经密排着方形的立柱，而上层则十米有余，为全敞开式构造，便于安放大型锅炉设备，建筑墙壁的靠顶部分有大体量的玻璃窗用于采光。

接手这一改造项目的是来自台湾的设计师陈瑞宪，陈先生素以秉承减法美学而著称，他所设计的诚品书店强调购书者在空间中的交流与体验，堪称经典。出于对老建筑的尊重，陈瑞宪非常重视历史文脉的承继，以期在现代时尚的氛围中呈现新旧融合的空间感觉。

设计师将原建筑拆下的红砖捣成细碎，糅合了涂料涂抹建筑外墙，宽庭会馆因而有了极为深沉的外观，仿若历尽岁月的沧桑。沿着墙体才能找到黑漆的门扉，原来宽庭并不正式对大众开放，需要预约才能一睹它的风采，低调中显出矜贵之气。

1	2
	3

1　设计师将透明升降梯当成装置艺术，把一楼二楼以及夹层串联起来
2-3　一楼到二楼原本为一道小楼梯，设计师把楼板打穿，改为一座大楼梯，表现出一种现代性

殿宇之美，动静皆宜

入口处布景以及白纹黑底的大理石吧台并没有让我留多少注目，那应该是似曾相识的布置。转入正厅才豁然开朗，气势磅礴的楼梯呈现于眼前。陈瑞宪大胆地选择了建筑的中央区域，拆去底层的多根方柱以及其上的水泥地板——拆下的红砖则大多用于外墙的制作，令上下两层透出9m见方的挑空。随后他寻来江浙一带老建筑拆下的长条木地板，在挑空的区间内构造出宫殿建筑一般的台阶，联通了两个原本分隔的空间。

居于台阶之下，视线的尽头是一台透明的电梯，给人简约几何的现代美感。建筑的上层部分又新分隔出了两个楼面，透明电梯就是用来联通它们的。同时它们之间也有扶梯，两种不同的上下方式，增加了空间的趣味性与互动性。

空间内部的顶棚与墙面没有进行大规模的翻新，而是通过修缮保留了原本的风貌，斑驳的肌理显出岁月的痕迹，与黑漆的钢架形成鲜明的对比。在联通上层两个楼面的扶梯一侧的墙面上，三扇巨大的镜子构成戏剧化的场景——每扇镜子都由两块全副尺寸的镜面拼合而成，悬垂而下的镜体微微向下倾斜，前方挂置欧式古典的水晶吊灯，空间一下子变得虚实互补、明灭有致。据设计师介绍，这个设计可谓神来之笔，原本裸露的墙面上没有过多的装饰，为了改善空旷的效果，陈瑞宪想到了凡尔赛宫的镜厅，有了灵感，实现只是时间的问题。

空间装饰的细节美学

减法美学追求的是没有丝毫的多余，然则于细节处才显出设计师的细腻与坚持。

整个宽庭由一个个相互独立的区域构成，用于展示各种家纺产品，垂地的割绒帘幕配合着钢架自由地分隔着空间，在欧式的吊灯烘托下，经典的布置常常让人遗忘那些只是一个虚拟的场景。

师承日系教育的陈瑞宪虽然一直想摒除过多日式审美的影响，然而日本模数化的简约美学已经渗入他的骨髓。模数化的格局让日本很容易地接受了西方的现代文明，设计师用他自己的方式在宽庭中实践了这样的审美理念——在围合9m见方的挑空区域四周，有一个U型的栏杆带，钢架的结构配合透明的玻璃，每个结构单元都有着均等的尺寸，连绵不绝，即使在转角处恰巧不是终结，设计师也要求让玻璃能够接续下去，而拒绝使用钢结构保固。

同样的情况也发生在宽庭铺设的地板上，那些从江浙搜罗来的旧长条木板经过挑选，都有着均等的宽度。END

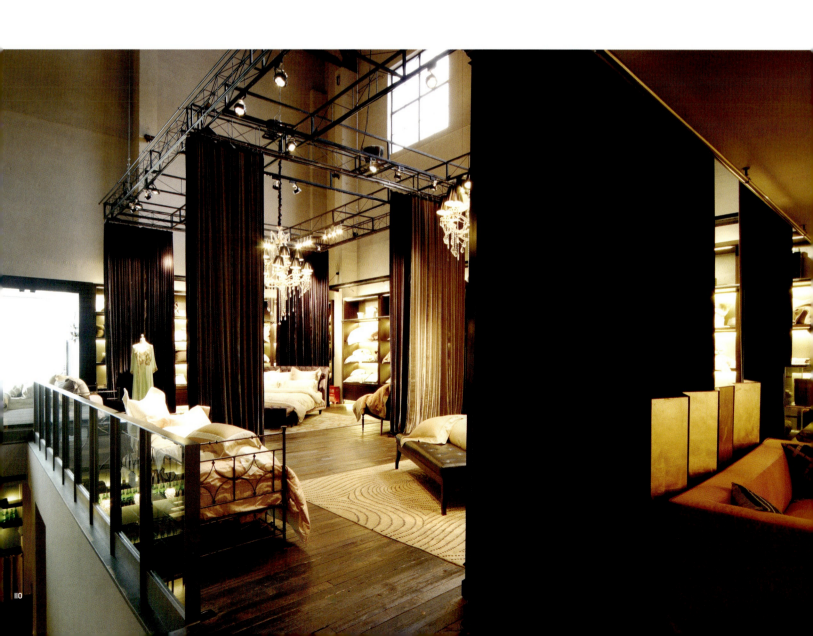

实录

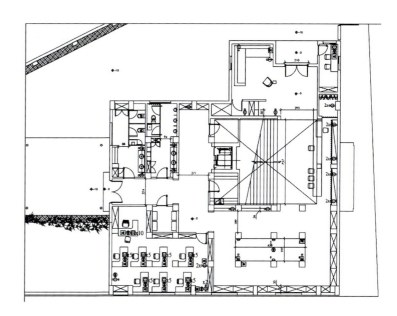

1-2　主人精心搜罗来的各式装饰品烘托出了低调而优雅的家居氛围
3　平面图
4　展区运用大块垂布,吊挂巨型水晶灯,仿照巴黎小剧院,营造出剧院的效果
5-6　各个展区相互独立,华丽的枝形吊灯成为挑高空间中最华丽的"介词"

莉华庭：流水芳苏之间
LIVING ROOM: A PLACE TO SHARE LUXURY DREAM

| 撰　　文 | 尹　春 |
| 图片提供 | 莉华庭会所 |

项目名称	莉华庭
设　　计	Red Interior Design
项目地点	上海市襄阳北路55号

　　曾经是大上海尊荣显赫的法租界高级住宅区，凭借历史的光华，这里正在努力成为城市新的时尚地标。莉华庭休闲会所，掩映在这个老旧的街区内，没有雕饰的外表并不显贵，远远望去就是一个普通的老式住宅。只有装点着ART DECO涡卷和麒麟门环的黑色墙门，淡淡地漏透着这是一座用现代理念重新包装的老宅。

　　一座建于1942年的清水红砖建筑，三开间混凝土框架结构。莉华庭与街道和城市的关系是局促的，一墙之外是傍晚开始喧嚣的杂乱街市，从任何一个房间推窗而望，便是毗邻的住家。环境并不鼓励营造雅致沙龙的意图。在这样的困境下，设计师选择的调解室内外关系的"开关"便是老建筑的庭院的阳台。庭院的围墙内最大限度地插入一个玻璃盒子，四周利用剩余空间配置薄薄的一层植栽和水池。传统的院落空间被侵占的同时，在墙门半掩之后向外界宣告了一出时尚剧的开演。顶层既是瑜伽教室，也可以用作小型聚会。原先的宅墙向外推出，将传统的阳台演绎成一段露天长廊。蝴蝶瓦覆盖的坡屋顶被完全保留，与墙壁脱开的狭缝引入天光，讲述着一

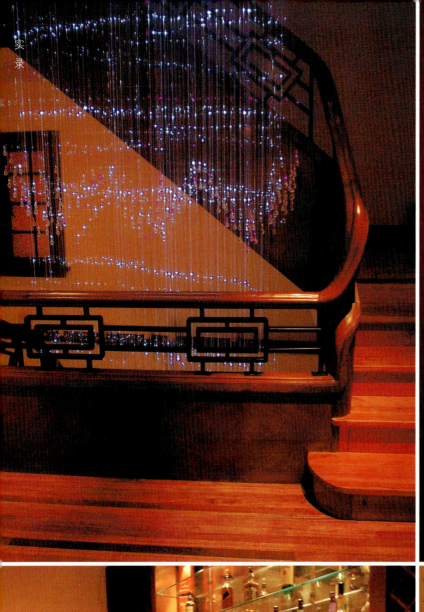

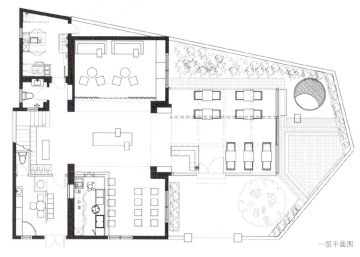

一层平面图

个渐渐被当代都市人淡忘的老虎窗的故事。

老建筑留给空间设计的余地并不大，因此细节的处理成为设计师的意匠所在。壁炉，本是前现代家庭生活之核心。树影婆娑中，老洋房坡屋顶上矗立起的林立的砖砌烟囱，是西方化的宁谧生活，也是旧上海的迷人街景。设计师深知这一传统符号的象征意义。莉华庭的 lounge，是从喧嚣的街道进入水疗中心的"门槛"，也是整个建筑室内设计的精髓。除了在中心区域完全保留一方原建筑的彩色马赛克铺地之外，传统壁炉的摇摇火光，被镶嵌在小庭窗前一个现代式的白框玻璃盒内，在庭院、暗红色背景墙和简洁家具的衬托下，从空间的一角散发出历史的沉静。

楼梯是任何一个室内设计师不会放弃的造景之处，但是 RED Interior Design 在这里却完全保留了原住宅楼梯的位置和格局，柚木铺就的三跑楼梯既没有张扬的视觉效果，也不寻求奇异的空间体验。贯通四层的浅蓝色珠帘吊灯，给不同楼层上的不同功能空间——酒廊，水疗中心和瑜伽教室——一个略含羞涩的惊喜。而功能空间的元素则是在特定历史和现实场景下的混搭：原建筑梁架的西式线脚作为顶棚的唯一装饰元素被保留；简约无累饰的地面和墙面；日式情调的水平向内立面分割；沉郁的佛像和绚烂的护理品并置着成为一种装饰。

选择这样一个本身无甚故事的空置的老宅作为一个时尚场所的载体，是为着那一个时代的建筑所笼统具有的高贵的血液，享乐的情怀。设计师的性情手法，只在流水芳苏之间，隐隐地流露。

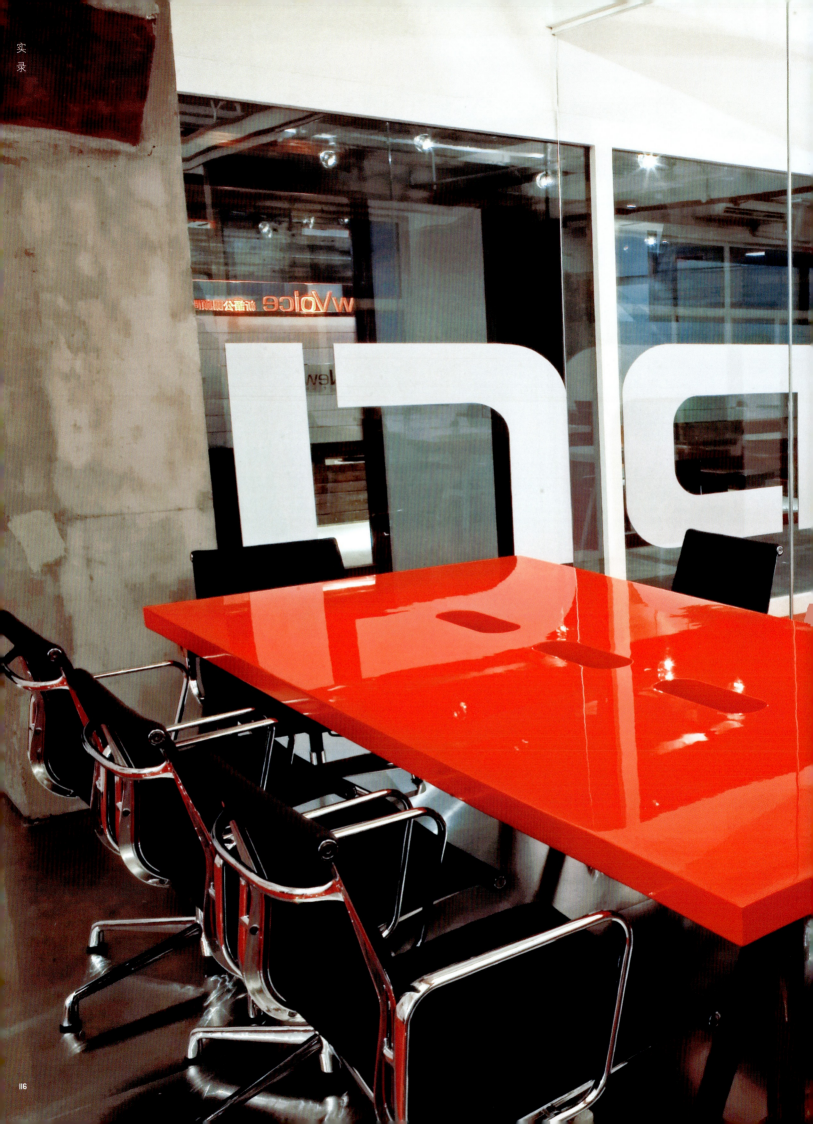

纳索工作室：穿透设计
NAÇO STUDIO-FROM A DESIGN PERSPECTIVE

撰文 | 尹春
摄影 | 胡文杰

项目名称　纳索工作室（上海）
项目地点　上海市建国中路25号9号楼9210室
项目规模　100m²
设　　计　纳索工作室（上海）

实录

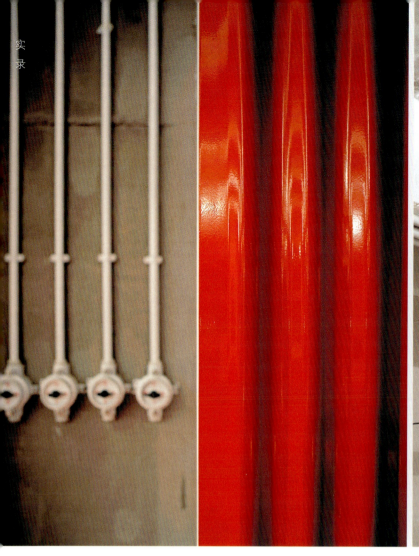

巴黎纳索工作室成立于1991年，2年前在上海设立分部。新的纳索上海工作室位于著名的创意园区八号桥。团队严格地控制了中外员工各占一半，建筑设计师、产品设计师和室内设计师同在一个空间内工作——一个真正跨越文化和行业的大熔炉！

在100m²的长方形空间内，一端逾一半的面积为纳索工作室，另一端隔出三分之一作为另一个公司"Band"的办公场所，两者合用位于中部的会议室。纯玻璃外墙和室内隔断延续了纳索巴黎工作室对空间透明性的强调。走廊尽头的自然光线透过玻璃隔断渗入工作空间，同时渗透的还有过客好奇窥探的目光和工作室内善意友好的微笑。对于一个有着专业背景的敏锐的游历者而言，纳索工作室是通透的、热情的，同时也是充满挑战和生趣的。在体验空间的过程中，人们必须不断地扪心自问：为什么，设计可以采用这样不同寻常的方式？

纳索工作室对于材料的选择和运用往往是突破常规的。主入口采用了整块压成波浪型的红色铝板，没有传统意义上的"门框"和"门把手"，从室外甚至找不到一个"PUSH"的字样，这个使初访者不知所措的入口设计传达了这样一个讯息：通透并不意味着浅显，在任何地方都有可能潜藏着未知的意匠！然而，入口只是一个序幕，不落窠臼甚至有些顽劣的手法在室内任何一个角落都有可能出现，比如闪亮的不锈钢——一种通常用在厨房的材料，被用来装饰会议室的地面——又一个小小的设计玩笑！

诚然，出人意料、玩世不恭并非纳索设计的主旨，空间的布局着力于鼓

|1 2|3 4|
|5 6|7 8|

1　波浪形的红色铝板充当了纳索工作室的入口,将朴素与前卫糅合起来
2　玻璃包角的选用简单明了
3-4　白色与红色的办公桌没有设置分隔的挡板是秉承了纳索通透、开放的传统
5-6　透明的玻璃墙面,让纳索坦然地呈现在众人面前
7-8　宽敞的办公室有着白的纯洁与红的热情,办公室中隔断的材质都是玻璃

励团队间的协作以及个人灵感的发挥和碰撞。传统的"办公室"概念——每人一个工作台,各自为政的工作方式是纳索一贯反对的。因此,纳索的工作台面是巨大的,敞开无碍的。设计者从旧家具店里淘来了中国传统的"条凳"(bench),经过简单的油漆和改造,成为了大工作台的桌腿——这一中国传统农村中最常见的简陋坐具,用作家庭成员和至亲乡邻间的体己谈话,一旦与现代的塑胶桌面奇特结合,便隐涵了对"交流"和"融合"的鼓励——既是纳索员工之间的,也是东西方文化之间的。

另一个对东西方文化交融的隐喻是纳索的标志性色调——代表了喜庆和幸运的中国红,同时也是上个世纪西方设计中具有历史意义的先锋颜色,代表了大胆不羁的意识形态和革新的道德与文化信念。除了入口之外,工作室的地面和部分桌面都采用了这一红色调,每一纳索员工且配有一个红色的工具箱。红与白的主色调,纳索刻意营造了一种"研发实验室"的空间氛围:整饬的,精密的,不同于一般设计工作室的杂乱。

作为以现有工业厂房改造而成的设计工作室,原有建筑的结构甚至细部都被最大限度地保留,成为室内空间的亮点。位于入口处原工厂的阀门式电灯开关,提供了一个不同寻常的控制光线的手段。承重柱不加粉刷,刻意暴露出素混凝土的肌理,与整个空间"整饬精密"的后工业化"实验室风格"相对,这些保留下来的原物营造了些许工业时代的粗拙气氛,再一次强调了透明性背后的复杂层面!

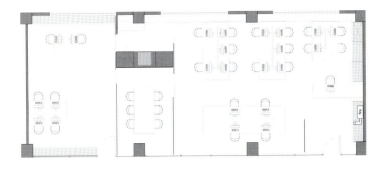

1-2 充当办公桌桌脚的是中国传统的条凳,裸露的水泥墙面诉说着这个现代化的整洁的办公室是由旧厂房改建的
3 平面图

稻菊餐厅四季酒店分店
INAGIKU AT FOUR SEASONS HONG KONG

资料提供 | 梁志天设计师事务所

项目名称	稻菊餐厅四季酒店分店 Inagiku at Four Seasons Hong Kong
项目地点	香港国际金融中心商场4001-4007
设计	庄超
承建商	Fuji (China) Decoration & Engineering Co. Ltd
摄影师	曾宪成
面积	7250m²
竣工时间	2007年1月

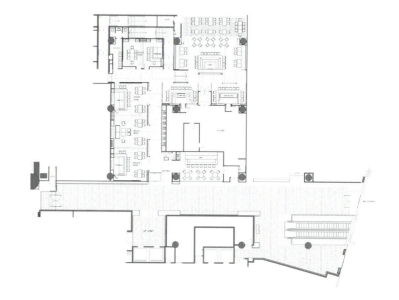

| 1 | 3 |
| 2 | 4 |

1. 平面图
2. 用70万颗玛瑙石珠砌成的"水、风、稻田"图像后的酒柜在灯光映照下若隐若现
3-4. 餐厅入口，每一个细部都独到，精致

配合东京百年天妇罗专门店——稻菊日本餐厅的传统风味，设计师以咖啡色、黑色和金色为主调，加上精心配置的艺术品、充满戏剧感的灯光效果以及线条简明的家具，令充满现代感的空间溢出无限禅意，为客人呈献雅致的东瀛美食空间。

餐厅入口旁的一幅落地玻璃墙，用上七十万颗玛瑙石珠，以人手砌成，名为"水、风、稻米田之旅"的巨型图像，图像后是餐厅的酒吧区，后置的灯光映衬着架上的美酒，加上简洁现代的家具，为客人提供了一个餐前饭后的小歇闲谈之地。迎门之处，则见日本著名陶艺大师 Jun Kaneko 的巨型彩蓝陶艺手作 Blue Dango，传统的手作工艺配合现代都市的餐厅设计，引领客人走进从江户时代到现代大都会的奇妙旅程。

踏着黑麻石地台进入走廊，沿路有四间可灵活组合的私人宴会厅，其中三间更设置了开放式天妇罗吧台。偌大的金色天妇罗油炸器具加上线条简明的黑色吧台，配合一室线条简洁的家具、特别的灯光效果和表现日本传统折纸美学的艺术品，气质高雅。设计师把一排衡温酒柜化成走廊的墙身，在精心的灯光映照下，珍贵的藏酒成了别致的艺术品，让客人可一路欣赏美

| 1 | 3 |
| 2 | 4 |

1-2 两幅由风景浮世绘及人像浮世绘交错而成的巨型画作在大厅中遥遥相对,传递着日本传统文化气息
3 金色的墙面、精心的照明、间接的家具构成了一幅精致的画面
4 墙身及顶棚的黑镜使迷人的景致得以无限延伸

酒一路选取心头所好。

经过狭长的走廊来到大厅，感觉犹如从江户时代的小镇进入现代大都会，透过落地玻璃大窗，维多利亚海港的怡人景致尽收眼底，设计师巧妙地把靠窗的座位设置在微微泛光的地台上，墙身及顶棚均饰以黑镜，让迷人的景致得以无限延伸，令客人用餐时如置身维多利亚海港中央般怡然自得。另一边，两幅由风景浮世绘及人像浮世绘交错而成的巨型画作在厅中遥遥相对，呼应着整体日本传统风味和窗外迷人的景色。大厅设有开放式的寿司、天妇罗及铁板烧吧台，分别由不同的艺术装置分隔开来，令空间的功能性更明显之余亦增加了空间的层次感。

稻菊这百年天妇罗老店，表现了日本人对饮食艺术的执着及精益求精的精神，配合这种精神，设计师利用了现代的手法，融合传统日本美学的意境，为客人缔造了一个雅致的环境以品尝个中韵味。

水木空间：材质之于空间的变迁
MATERIAL'S VICISSITUDE

| 撰　文 | 孔怡苹 |
| 摄　影 | 张修正 |

项目名称	水木空间
空间性质	商业空间
项目地点	台北市长安东路
设计单位	俱意设计顾问公司
设计人	马昌国
面　积	1楼门市：96m²，2楼办公室：86m²
主要建材	仿观音石粗面石英砖、锈蚀铁件、玻璃、橡木染白、硅酸钙板、集层板
设计时间	2004年12月
施工时间	2005年1月

| 1 | 2 |

1　朴素的招牌烘托出室内的空间特色
2　棱角峥嵘的铁树为整个空间增添了生气

　　在空间的表现里，最常运用的手法除了空间格局的再规划外，就是使用材质的再突破了。这种突破是设计的创新，它赋予商业行为模式空间以可看性和可被期待的创意，更提升了商业空间的价值。

　　现代人多从人性化的角度做规划。出于对空间的机能和复合性的考虑，现代人对公共环境的要求甚高。空间的大小已不再是唯一的考虑要素，关键是让每个消费者在空间里都有宾至如归的感觉。

　　此案的空间规划为二层楼的挑高格局。设计师在接到此案时，针对空间是用于贩售全部从日本进口的木炭为主的生活用品，在空间规划上以颠覆传统的开架式手法来安排，格局上以开放性质为主，将办公部分及产品仓库移至二楼，一楼全部作为商品贩售及展示区。同时依产品类别设计一处以铁件、水、原木与玻璃等材质共构出的空间的重心，作为化妆品的试用区域。这种设计手法使整个空间自然而质朴，赋予消费者一种轻松自在的生活想像，让购物也能成为一种享受。同时让视线在原木色的线条中雀跃，心情也回旋在一个宁静而单纯的空间中……

　　此案位于台北地区人来人往的闹市中，经过时目光立马被这家洋溢自然清新气氛的商店吸引。朴实简单的招牌在色彩缤纷的街上含蓄地亮着。设计师用液晶电视播放着商店销售的产品对于人体的功效。这种宣传方法比纸张做的DM广告更具视觉上的说服力。在大面积的橱窗设计里，设计师利用红色与绿色的强烈对比，热情地邀请人们共同参与这场美的飨宴。当顾客一走进以原木色调为主的空间里，轻柔的音乐就让他们忘了室外的喧嚣。以木炭天然素材为原料的商品井然有序地排列在小巧玲珑的商店里，让人沉浸在惬意自然的氛围里。

　　此案整体设计的重头戏在化妆品试用区域的规划上。首先，厚重的实木桌案散发出沉稳可靠的感觉；摆放在桌面正中央的以铁件为材质的铁树是设计师亲自设计的。铁树无限制向线面延伸出去，成了整个空间中的视觉焦点。其峥嵘的棱角也为浅色的室内空间增添了几分生气；来自设计师巧思的以手工强化玻璃为材质的水族箱颠覆了传统大而笨重的形象，给人一种轻巧而清凉的自然感受，恰到好处地平衡了铁树及木桌给予的视觉上的沉重感。

　　循着木梯向上，设计师将办公区域及产品仓库规划于此。通透的楼梯被安排在整个空间的一隅，保留了完整的商品展示区域。透过玻璃还可以看到一楼全区。在此案的整体规划上，设计师延续着他突破传统空间的设计手法，适时地加入舒适而自然的元素，让来到此间的顾客可以放松地想像。随着音乐和色彩让顾客可以沉浸在设计营造的氛围中。创新的材质运用手法毫无掩饰地将材质蕴涵的新奇感和未来感尽现于原木色调的空间之中……

純粹日本生活，打造優質「和風」

從民國88年成立至今的「さいな和風みせ」原名「和風小舖」，堅持高品質的日式風格與不斷推陳出新的日本商品，在消費者之間創造了許多口碑與熱潮。今年將其更名為「さいな和風みせ」，原名日式風格與不斷推陳出新的日本商品，就代理了超過100多種以上的日本商品，其引進的皆是日本知名的廠商，如日本漢方研究所等製造之產品。且為了提供最優質的商品，「さいな和風みせ」堅持所有產品皆為原裝進口，雖然耗費不貲，卻提供給了消費者最佳的品質與保障。

因此「さいな和風みせ」以新穎、流行與健康為宗旨引導著台灣流行許多具有品味的消費者走向健康流行的「備長炭」，利用炭來殺菌、淨化等，就是由「さいな和風みせ」引起的「備長炭」，利用市場上流行、仿效的風潮。「さいな和風みせ」，一個追健康、生名、美容用品的風向球，帶動指標性作用，而只要是使用過產品的顧客，對其品質與堅持，目前在台北及台中均有銷售點，加上今年優質形象概念的台北本店，讓人自然沈溺在懷舊且簡約時尚氣氛的品味，正逐漸發酵中！

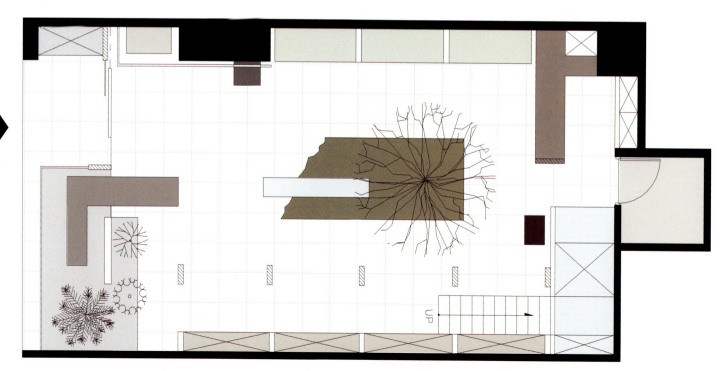

1　材质的对比、色彩的变换使空间充满魅力
2　楼梯自然地融入商店中，也成了摆设的一部分
3　平面图
4　厚重的木桌与亮着光的水族箱构成轻与重的平衡感

实录

儿童树屋
TREE HOUSE FOR A CHILD

资料提供 | 3Gatti.com建筑事务所

项目名称	儿童树屋
项目地点	意大利罗马蒙特多罗
设 计 师	Francesco Gatti
设计时间	2006年11月
完工时间	2007年10月

  这个方案的委托人非同寻常——一个深爱自己的树，以至于打算生活在上面的九岁男孩。

  巧得很，树的形状很奇特，是由两根主干组成的，每根主干又有两个分叉，他们恰巧精确地处在同一个纵轴上但是高度不同。

  本方案试图利用这两组自然分叉作为基础或者说是底座来架起两根薄木片制成的木梁，木梁出挑仅 3m，并在树上构成稳定的三角形支撑结构。

  在这两根梁的基础上，加入二级结构与树融为一体，形状类似埋在树杈间的漏斗。

  成品会是一个很奇怪的东西，看上去似乎违反了力学规律，因为它体积最大的一头恰恰位于结构悬挑的顶端。

  入口设有绳梯（就在"漏斗"的端口处，也是排放雨水的地方），这里应该设有水泥基座来固定绳梯，也用来平衡远端悬挑的部分

  成品是倚靠在树干自然形态上的构筑物，地板是一系列随自然坡度跌落的木板，就像一段一段宽阔的楼梯。

  实际上每段台阶或板条都随宽度和位置的不同具有不同的功能，诸如床、长凳、椅子、桌子，或者如果在屋外的话，成为剧院或露台等。树屋外表面是由木条和木板制成的，用来构成露台入口的空间、中央的窗户以及可以在白天看树叶、在晚上看星星的天窗。

实录

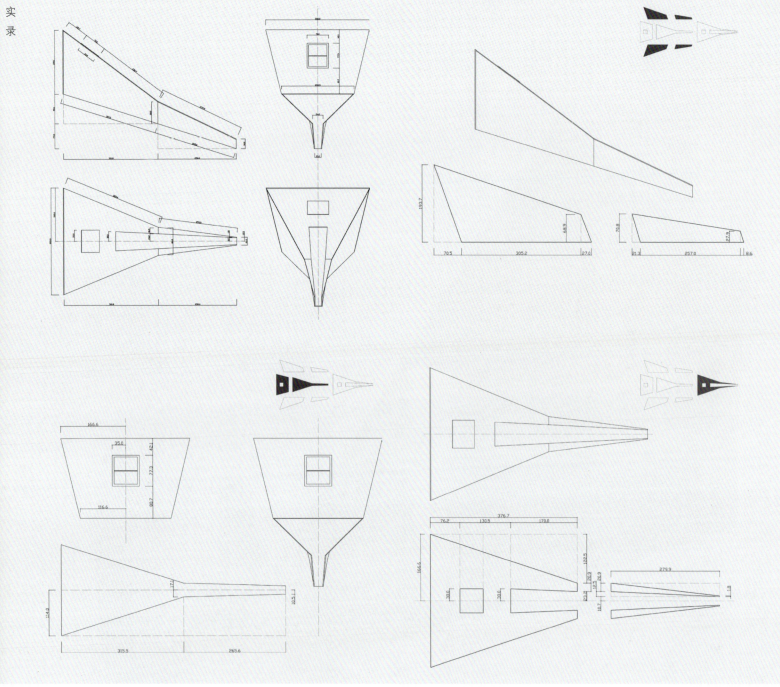

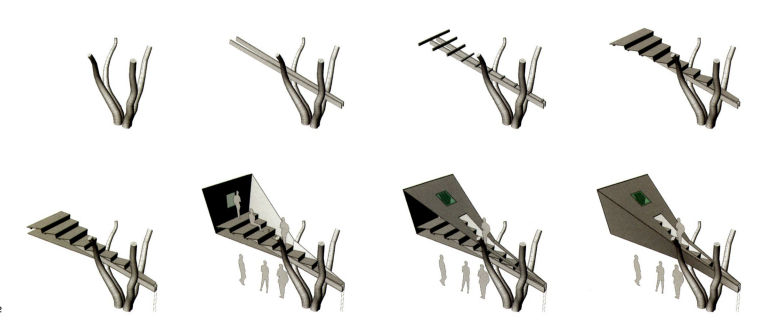

沁风雅泾：新亚洲主义风格
VILLA RIVIERA: NEW ASIAN STYLE

| 撰　　文 | 尹　春 |
| 资料提供 | 吉宝置业 |

项目名称	沁风雅泾
项目地点	上海市青浦区东徐联路588弄
总占地面积	153700m²
总建筑面积	53800m²
容 积 率	0.35
绿 地 率	61.2%
建筑设计	新加坡SCDA建筑设计事务所
园林设计	贝尔高林国际（新加坡）私人有限公司
室内设计	Suying Design Ltd.

1　总平面图
2　精心设计的门牌
3　外观
4-5　室外环境

"沁风雅泾"是新加坡吉宝集团旗下的吉宝置业在上海的第一个别墅项目。以"新亚洲风格"的理念，主张以具有浓厚地域特色的传统文化为根基，揉入现代西方文化，在更加关注现代生活舒适性的同时，亦让亚洲优秀传统文化得以传承和发扬。建筑外观简素的体块，平直的线条，全然体现的是不加矫饰的朴素。这样的朴素之下，却未必是纯粹的返朴归真。诚如设计者所言："它是现代的，国际的。它是独创的，并不来自欧洲，也非来于新加坡，也不是东方的。"

这种独创性，首先来自于设计师对中国传统住居和园林文化的体悟。传统的"宅"，以没有特定功用和倾向的匀质的"间"为单位，各"间"绵延通透，铺排出"屋"，各"屋"亦分亦合，连缀成"院"。各进院落的元素配置不是独立成章的，而是与"屋"中坐卧行止的家具配置相呼应，与屋内之人的感官体验相契合。设计师在设计了每幢别墅独有的小庭院的同时，将其与公共庭院配置同一种植栽，内外庭院一气呵成，每个别墅拥有者的视野在这里获得了无限延伸。

与传统宅院文化"间"的概念相呼应的是其"自由随性超大空间"的理念。完全打破了功能空间的概念——厨房、卧室、客厅……它们全都存在，但却似乎并不存在，始终存在的只是一个开阔无比的大空间，这个空间可以作厨房，可以作卧室，也可以作为客厅……一切取决于使用者的心情和想像，一切由使用者的生活方式来决定。而设计师所做的，只是在一个大空间中加入一些关键的、可以移动的隔断。"新亚洲主义"的混搭理念在室内设计中延续着。客厅中西式的简洁的沙发与中式的座椅并置，从顶棚垂落而下的灯具唤起了对于中国传统"宫灯"的联想，而图案与线条却是几何抽象的。玻璃的陈列架与传统的"案几"比邻而设，

1	2
3	
4	
5	

1-2　从顶棚垂落而下的灯具给人中国传统"宫灯"的联想
3　起居室欧洲宫廷式枝型吊灯给简约的空间笼上了一层金色的光晕
4　简约而舒适的卧室
5　玻璃的陈列架与传统的案几比邻而设

因此具有了"博物架"的身份象征。黑白色调的餐厅和起居室内,却配以简化的欧洲宫廷枝型吊灯,在简约的空间内笼上一层金色的光晕。

有空间界限,却似无空间界限。东方的元素和西方的元素出现在同一个空间下,但是仅仅提供一种虚幻的联想,而找不出具体的图腾或者符号——一个超越拟古的、自由随性的空间。"它就如同一辆名牌跑车,看似简单,却不失现代,更重要的是,'简单'的表象下是精致而专业的实质,也正因为为专业的打造与设计,让使用也显得极其灵活与随意。"这便是"沁风雅泾"所诠释的"品东方禅意,享西式生活"意境。

| 1 | 3 |
| 2 | |

1-2 简约而素雅的会客空间
3 卫生间也同样采取简约的风格

实录

水的梦幻
——广州南美水悦大酒店

撰文 | 高超一
摄影 | 臧兵

项目名称	广州南美水悦大酒店
项目地点	广州
设计单位	美国CY（上海）设计咨询 + 上海金螳螂环境设计有限公司
总设计师	高超一
项目主任	李朝中
深化设计	陈尤新 叶忠 魏庆 夏芹 郭旭峰 林宝健 袁月兰
灯光设计	蔡宣龙
陈设设计	陈南，朱岚
装饰施工	苏州金螳螂建筑装饰股份有限公司
功能	部分五星级商务酒店设施 + 水疗SPA
规模	28500m²
结构	旧厂房改造
完成时间	2006年 12月

28000m² 的旧厂房，要改造成两个部分，商务酒店和 SPA 水疗。酒店部分的功能相对比较简单。看到广州追求豪华的酒店比比皆是，特别是商务型酒店，我们的设计于是想能不能比那些酒店做得放松些，不那么讲究豪华是不是也可以？很幸运，这个想法立即得到了业主的同意。于是，浴缸放到了房间里，灰色调取代了通常的暖色，餐厅里也是铺天盖地的黑白灰……水疗部分的功能要复杂一点，花了近三个月时间去和业主商定水池要多深，更衣间有几个等等等等细节。看到满广州城都是模仿所谓古罗马所谓欧罗巴所谓地中海式风格的浴场或是SPA。我们又想，能不能不去弄那些豪华得让人紧张的风格，也放放松？业主也马上同意！没有去找什么

| 1 | 3 |
| 2 | 4 |

1　SPA水疗部分空间，水泡泡、水波纹，营造质感和肌理的变化
2　顶棚处理与地面水池遥相呼应
3　大堂里也用与水有关的元素作为装饰要素
4　前台和侧厅的设计简约、朴素，顶棚照明也采取了同样的风格

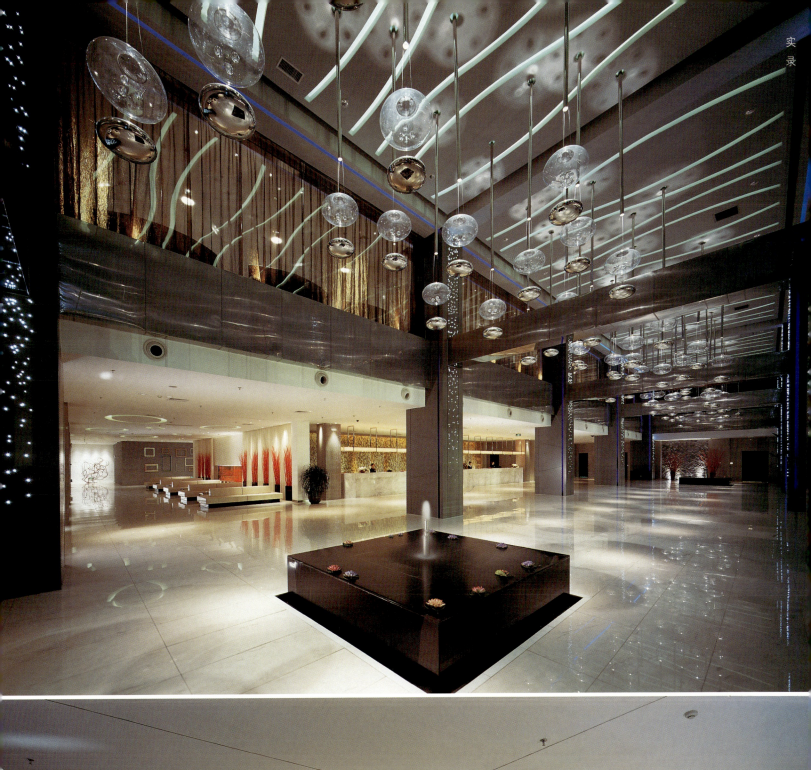

1		2
3	4	5

1-2　黑白灰造就的餐厅
3-4　客房同样选用黑白灰色调，将浴缸放在了房间
5　底层平面图

深奥的理由，既然是水文化的场所，就用了些一目了然的符号——水泡泡、水波纹，从大堂飞到浴区，从墙面飞到顶棚，好像也顺理成章……至于装饰，讲究个适可而止吧。因是时间紧，又要想着法子为业主省钱，苦了我们的项目主任，跑遍建材市场，到处去找便宜有现货而且还要施工简单的材料。又因是旧厂房改造，原先的建筑图纸根本不靠谱，深化设计师们连续几个月吃住在艰苦的施工现场，从断壁残垣中一点一点抠出尺寸再画精确的施工图。后来，就成了这个样子；再后来，业主说酒店和水疗都很好用，生意火爆。当然，生意好并不等于设计好，但如果生意不好，设计师恐怕是难辞其咎的。 END

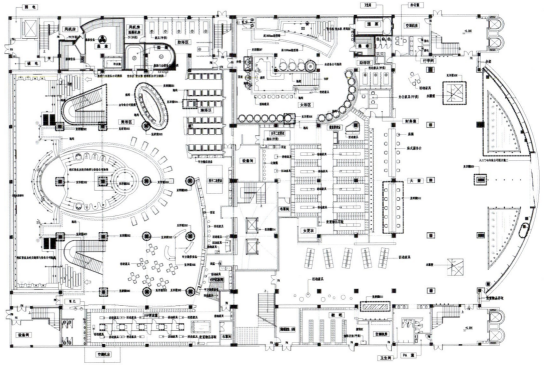

感悟

"零时代"
强势审美观下的话语权

撰　文 | 索来宝

　　所谓"零时代"，是指2000至2009的十年，"0"就是它的基本精神表征。在新世纪来临的第一个十年，在强势审美观充斥周遭的时候，作为室内设计师，是否有理由冷静思考一下，明确身份并找到与之呼应的审美自信呢。

　　国家和市场一直是征用民间身体的两个头号主顾，而室内设计师由于目前社会身份的混淆与错乱，在一定程度上显现出职业自信的茫然与精神追求的缺失，特殊状态下，甚至发展为身份与自我的分离，话语权的部分遗失。这是室内设计业的悲哀。所谓身份，换言之，就是人的权利关系的契约，或者说是人的社会共享代码，它支配了个体在他者境域中的地位和交往的本质。对室内设计师来说，身份缺失直接会影响到室内设计师的话语权力与设计语境。从20世纪末开始，由于全球尖端经济从"实体经济"向"虚拟经济"的全面转型，欧美各国建筑工程数量锐减，而中国各地城市化进程引发的大型公共建筑的兴起，为持"自由设计观"的建筑师提供了充分的舞台。这些项目表达出政府财经集权的巨大能量，它们为城市的大地镶嵌了昂贵的标记，它们的"宏大叙事"所形成的视觉冲击体现出一种"势不可挡"的强势审美观。加上行政干预的惯性，又使得一些地方官员在现场与设计师为设计的细节问题展开了劳动竞赛（主要表现在室内设计方面），从而使室内设计师在大型公共建筑的设计过程中，显得手段疲软，面目可疑。客观事实上，此类项目中，室内设计师已直接或间接成为"政治建筑学"的描图员。随着全世界城市化的速度，未来75%的世界人口将生活在城市里，建筑形成的内外空间代替建筑本身成为最重要的问题。高技派大师理查德·罗杰斯曾经提出，城市越大，公共空间发挥的作用就越小。在伦敦现在一辆汽车只能以15.8km/h的速度穿行，几乎与100年前的马车速度等同。这样想来，所谓的城市化发展也许就是人类发展过程中自我设计的一个悖论。

　　另一方面，在社会转型中，市场逻辑更是肆无忌惮地打造着当下文化的属性，并把由此产生的结果分门别类地图示为资本运作的附庸。可以说在林林总总的商业空间设计中，我们都能看出在消费主义、功利主义驱使下的强势审美观，在其间对室内设计师进行着一次又一次的集体性整蛊。业主信风水，所以风水先生可以颠覆你的合理平面，担心顾客不好找，不"大气"，所以一定要比例失控地放大门招，等等。张永和说，"建筑是不适合幽默的"，我想这种幽默即使有，也是黑色的。他还讲过一个故事：有人有个好朋友是设计师，平常总是抱怨，业主、领导、没有好机会……这人听了特别同情这设计师朋友，他买了套房子，就让设计师朋友给他装修，说你随便弄，虽然不是大的机会，但有完全的自由。结果这设计师什么都用上了，假壁炉，假竹子……原来他也喜欢这些。基于审美的可传播性，可以预见大量的室内设计师正在自觉或不自觉的，把妥协与折中作为市场逻辑下的存身法器。同时，在强势审美观压力之下，整个室内设计业也陷入了有室内设计作品却没有批判与争鸣，有各式各样的大奖赛，却没有相应独特的评判标尺的怪圈。当下，室内设计师急需明证身份并找到与之呼应的审美自信，而且势在必行。曾经有设计师把自己的头像放得很大，彩喷，挂在大厦外墙上，一张嘴就有一层楼高。但这种试图用放大图片改变自身的自暴自弃的方式与"芙蓉姐姐"表情嚣张的梦呓别无二致。或许室内设计师在其中只是敦促消费的一个诱饵，但这本身就是功利主义的又一次胜利，这种出于商业目的，谋求似是而非的亮相，同时也是室内设计师身份缺失的又一次明证。"芙蓉姐姐"说，"我那耐看的脸，配上那副火爆得让男人流鼻血的身体，就注定了我前半生的悲剧。"那是她的梦想，是她理智背后虚无的"巴别塔情结"。

　　那么室内设计师在这种"广场效应"中又能说些什么呢，我们等待。 ■END

投标的游戏，你还玩儿吗？

撰　文 | 米　米

　　在国外呆了十几年回来，感觉中国变了。

　　工作后的第一件事就是投标。激动啊！中国也有平等竞争的机制了。还有在国外哪有这么好几百亩地的规模让你折腾啊！于是，一大帮的人经过一个月没日没夜的辛苦，终于抱着模型、图板兴冲冲地到了述标会场。验资质、公证、评委会的架势有模有样，尤其是公证的俩人，那真是一脸的正气。可等招标单位念完评分标准，我们就傻了眼。改了！整个和标书上不一样！也就是，原来高分的地方变低分，低分的地方成了重点。我们的分数排在了第二。不服啊，当时。于是开始折腾，靠！搞来搞去标是废掉了，还分到了其中一部分不肥不瘦的活儿，同时也明白了自己真是"不懂事儿"。最经典的就是一位老评委主任的训话："你要是和我要公平，你去问问你们院，上个标是怎么生把别人拽下去换成你们的？""有这事儿？鬼才信！"我不信。"那大家都是鬼！哈哈哈！"全饭桌的人都笑了。

　　往后几个月的日子风平浪静，要投标了，得知："我们会中，别人陪。"于是"大家都是鬼"的事发生了，我们毫无悬念地中了。下一个标的甲方不是选方案，而是挑单位选资质，不中都不可能。然后，再下一个投标时得知："这次陪XX，不用使劲儿。"我不信邪，希望奇迹发生。但是结果是"大家都信邪"——XX中啦！

　　"不玩儿了？退出投标这个游戏？"在我动摇的时候，碰到了我当时认为最理解我们的甲方。于是，一次次的方案，反反复复，投标之前就做了好几轮。总之，甲乙方相得得那叫知心啊！从甲方X女得到的贴心话是我这辈子听到最多的了。除了肯定、鼓励，还有就是此标非我莫属的信心。揭标了，谁谁没中！几家投标的一碰头，发现都被X女忽悠了，现在想起来还想抽那女人一个嘴巴！

　　"接着玩儿！"人得愈挫愈勇不是？！再说，德高望重的评委们不也有权在握吗？虽听说评委十有八九是傀儡，但我相信专家评委会是公正的、有水平的，我们还是有机会的。可是，接下来的一个标真的是栽在了评委的手里，第一名给了一个抄袭曼斯拉的里昂音乐厅的无耻单位。不能说我们的评委是无知的，他们只是太老，也太闭塞，不知道在遥远的西班牙已经存在一个一模一样的建筑物。值得欣慰的是我们的专家还是有眼力的，虽然他们没能力辨别真伪，但毕竟他们肯定了曼斯拉啊！

　　"还玩儿吗？" 可不玩儿是不行的。不管是暗箱操作还是内部瓜分，不管是浪费时间、人力、物力，要想拿项目必须走这个形式。只是上阵之前要先有十成的把握，否则就会除了输还是输。

　　投标，原本一个公平的游戏，被玩儿成这样也是中国的一大特色？ ■END

舒适的窝

撰　文 | 王受之

好多年前，我刚刚考取武汉大学的研究生，从工作了7年的一个县城的工艺美术厂回到武汉音乐学院父母身边住，那时"文化大革命"刚刚结束，身为教授的父母从农场回到学院，分配了两间分开的房间，一间在二楼，大概15m²，一间在三楼，是个亭子间式的阁楼，大概8m²，厨房是共用的，而浴室和厕所在楼后面，上百户共用。父母和妹妹住大的那间，"大"房兼做全家的起居室、餐厅，我们一家三口就住阁楼，两把椅子，一个小书桌，却也感觉不错，起码比在县城集体宿舍好多了。我记得那年冬天卜雪，晚上月亮照在白雪上，一片柔和，从阁楼小窗子看出去，屋顶尽洁白，万籁俱寂，体会到了鲁迅说的"躲进小楼成一统，管他春夏与秋冬"的感觉。

1982年，我到广州美术学院工作，第一年暂住在一个很简陋的招待所，两个依然是分开的房间，加起来大概略多于15m²，没有浴室，要跑到对面的附中楼用公共厕所，但是晚上关起门来，感觉也好，起码比那个8m²的阁楼要舒适太多了，何况还有一间书房。过一年，我分配到一套三房的住宅，据说原来是关山月住过的。自己有厨房浴室，请朋友打造了套简单的家具，有电视和录象机，有立体音响设备，有书房，那时感觉好像一辈子有这样的居所就绝不会有他想了。

几年后去美国工作，在洛杉矶买了第一套房子，是个150m²的两层楼的联排住宅，客厅、三个卧室和浴室，小庭院里一株桃花盛开，车房宽大，又觉得一辈子如此就够了。再过了几年，又买了一栋独立洋房，300多m²，院子宽敞，院子里有凉亭，种了好多花草和树木，因为在加州，四季鲜花不断，两棵白桦树，两棵加拿大红枫树，桂花、茉莉常开，客厅宽敞，有自己的书房，还是和以前一样，满足得很。我对自己住的地方，总是能够有安居乐业的好感觉，从来没有那种老嫌不满足的自我烦恼。

我在这里不厌其烦地罗列自己住过的地方，其实想说明：居住的要求是相对的，什么是好的居所，其实并没有一个固定的标准，完全是具体的时候、地点、情况而形成的一种需求的满足水平。其实，一个人的居住空间需求并不会太大，当家庭的人均居住面积超过100m²的时候，再大的部分其实功能上和你自己并没有多大的关系。十多年前，美国一个特喜欢张扬炫耀的画家让我和徐冰等几个朋友去看他那个有二十个卧室的豪宅，我记得徐冰当时说了句很尖锐的话："好像个旅馆一样"，真的很传神。

五年前，广州有个顶级富豪，请我对他的豪宅室内设计提些建议，看见他那栋2000多平方米的巨宅，卧室就300m²那么大，我直率的对他说："对不起，我帮不上忙啊，你说我怎么能够在一个好像篮球场这么大的卧室里设计得让你睡得踏实呢？

中国人从来都是处在居住面积不足的情况下，因此都希望越大越好，五六百平方米的住宅在国内已经不稀奇了，上千平方米的也时有所见。一是要大，二就是要"豪"，而所谓"豪"，就是拿自己完全不懂的外国风格和名字往这些大宅上套。地中海风格、加州风格跟北京何干？人家在宽大的阳台上享受海景和阳光，四季如春的微风，我们在北京的阳台上看铺天盖地的沙尘暴，38℃的炎热啊！

建筑形式因为气候、人文、历史原因而逐步发展出来的，就是西班牙风格，到了墨西哥就有调整，再到加州又有改变，一定是因地制宜的，我们的气候、人文、历史和人家一点关系都没有，克隆建筑风格不是恶搞吗？

什么是好的居住呢？我看首要条件是：适合你住的，让你喜欢的，和城市和谐的，感觉温馨的，自在的。居住是自己的事，人家怎么说又有什么关系呢？把脚裹成小脚，可能迎合某些人病态的审美观，被裹脚的人能够舒服吗？居住其实是一个道理。

各宜各家

撰　文 | 张晓莹

《新周刊》有一期专门给成都贴金，封了个第四城．其实也还是算可以，不上领奖台的选手里头，就是第一名了。大概宜家老板也读过这本杂志（还不知道谁抄谁），也搞个中国宜家第四城。据说开业之日人山人海，重庆粉丝团一边挤热闹一边极为不满。又有成都精英人士指出，有说宜家品位低，等同于是麦当劳、肯德基一类，害得好多人顾不了宜家，首先检讨自己下一代为何如此喜欢去麦肯，性格决定命运，习惯决定阶层，莫非要打造出低级品位下一代？逛个宜家，弄成品位标签，宜还是不宜？这是一个问题。

宜家北京方面说："在欧美市场，宜家通过大规模采购等方法，产品价格降到比同类产品低30％左右。宜家在国外是大众产品，而在北京宜家成了'小资'的象征，我们在北京市场这么做，是为了吸引更多北京市民来购物，避免以往给人留下的只有高收入人群才能买得起的印象。"估计宜家也知道现在流行用"小资"骂人，要划清界限。倒不是小资们得罪了谁，一个提法用多了用久了用滥了，自然要有新鲜东西，就像对年轻或准年轻女性的称呼，曾经主流过的"女同志，小妹，小姐"，通通变了含义，就连"美眉"或ｍｍ，也广义成为四肢健全五官齐全的雌性人类代称，快要退伍了．

我的一类女同学，中学是听爸爸妈妈话的乖乖女，对感情缺乏免疫力，到大学被人一追就一塌糊涂，坚信恋爱就是为了结婚，初恋就结婚到老最完美。毕业结婚生子，本觉得人生纯净无求，看了《好想好想谈恋爱》，却又莫名怅然。盖恋爱固然是以结果为目的，但也如宜家购物一样，最美丽的地方不仅在所购之物本身，而在于如坠入情网的男欢女爱时难得的激情和冲动，难得的智商为零，以及当时占有的喜悦；过多关注结果，就会忽略效果。想我自己几年前在曾香港宜家携两大包物品坐轻轨，过罗湖，打空的，陆运回家。再后一两年因为做成都的小户型样板房设计，去到北京、上海宜家采买时，顿想起时至今日其中一半物品仍在阁楼未用，并不懊悔，却是难得的愉快。

在我看来，宜家商品不见得如他们宣称的那么件件实用，也就是60％的商品华而不实，40％的商品实而不华。但是上宜家的人，却是抱着不同的心态，有为之实，有为之华的。宜家称，"成都人将能在宜家成都搜寻到自己的家居梦想！"其梦想到底是什么东东，实在很难总结。梦想计划不如行动指南，特作以下逛宜家建议：a 专买家里没有同类物品的，以免得疯狂购物后悔症；b 对于小件，喜欢就买，用不上就己所不欲，送于人；c 把宜家当成夏天和冬天的空调场所，带伴侣消耗时间，逛而不买，比"逛后再买"或"买而不逛"，具有更高境界；d 专买用不着的，可产生成就感和富裕感，提高基尼系数。

观察在宜家窜来窜去的买家，怎么看起来也不像缺消费眼光或品位。倒是眼里间或冒出邪光，类似偶然掉进玩具库里的儿童。在成人玩具还不太发达的今天，就先玩玩这类大人玩具，也未尝不可。

瞧，那些可实现的乌托邦

撰　文 ｜ 徐明裕
图片提供 ｜ 荷兰本克莱斯公司

链接

未来,如果上海因全球变暖而被上升的海水吞没,我们可以住进建于水上的"浮动城市",那里没有汽车和柏油马路,生活比陆地上更平和;每一个拥挤和繁忙的城市都给这个城市的环境和在这个环境中生活的人造成了极大的噪声,而你可以躲入这放置于各处的绝缘空间享受片刻寂静的声音……这些并不是天马行空般的臆想,而是来自荷兰和德国的设计师经过对上海城市生活的敏锐观察后勾勒出的未来生活蓝图。

1	3 4
2	5
	6 7

1-2 浮动的亭阁
3-7 SASOS

蜂巢般的浮动城市

由荷兰 Deltasync 设计团队创意的"浮动城市"已作为荷兰鹿特丹市政府项目,正式入围中国 2010 年上海世博会"城市最佳实践区"的评选。这是一座真正意义的海上城市,它被固定在一根纵向的柱子上,住在里面的人丝毫不会有颠簸感,并且随着海平面的上升,城市会随之上升,永远不会沉没。

浮动城市呈半圆形,外表像蜂巢,内部有一个多功能礼堂、3D 电影院和酒吧,还有大型购物中心和剧院。

在提交世博会的方案中,"浮动的城市"被安置在东方明珠前的黄浦江上,人们穿过一条连接水陆的门廊进入浮动城市,内部有宽敞的活动空间和公共空间,陆上、水上自得其乐。

"生活在浮动城市里的人,可以很方便地与陆地上的人联系,其生活方式和陆地上相比,不会有太大改变。"负责该项设计方案的荷兰芬克莱斯公司首席技术执行官 Michiel Fremouw 说,"如果说有变化,那就是在水上生活会让人宁静,因为水能让人平静下来。此外,人们从房间里把钓鱼竿从窗户伸出去,就可以等着鱼上钩了。"

寂静的艺术驿站 SASOS

每一个拥挤和繁忙的城市都给这个城市的环境和在这个环境中生活的人造成了极大的噪声。城市的绿化带只能够解决有限的噪声除非这些地域离城市非常的远或绿化区域就在城市中心能够完全覆盖噪声的级别这才有实质意义。大多数城市里的人沿着拥挤的城市漫步,都有一个强烈的愿望,从周围的噪声中脱离出来放松一会儿。

上海艺术驿站用心灵的渴望创造了独特的便利。它将成为世界上第一个通过这种方法创作而成的城市便利。

寂静的上海艺术驿站是一种艺术的雕塑建筑,采用高质量的原材料建造而成的未来印象派的雕塑。通过独特的入口每个人都能进入绝缘的空间并且能够享受寂静的声音——至少是一会儿,不能忘怀的全身心的放松。内部的设计将支持人们体验寂静的感觉。特殊的入口和出口通道设计将使人们无忧无虑地进出而无需考虑交通灯。寂静的上海艺术驿站的平均容量将容纳 12~15 人。

寂静的上海艺术驿站将安放在大多数城市拥挤地域,所有的人都能随意访问。这个雕塑的确切的位置和多少数量都有上海市政府决定。每一个驿站都有不同的形状,都将在周围的环境中引人注目。它将用强有力的典型和超现代化的设计使人们为之精神振奋。 驿站的网络将解答上海人民心中的渴望,拥有一个短暂的寂静的休息场所。这个独特的雕塑建筑以上海为中心向其他城市伸展,将帮助上海人民明白和感受到城市让生活更美好的真谛。上海也是完美的地点去建造 SASOS。

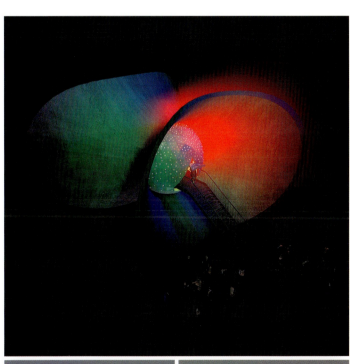

 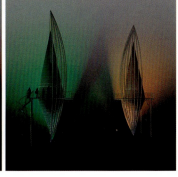

荒诞的椅子，荒诞的西班牙
300% SPANISH DESIGN

撰文｜陆黍
摄影｜朱涛

屁股下的椅子，饱受我们折磨，我们也同样饱受椅子的折磨。造型别致的，我们会觉得不舒适；舒适的，让人觉得没有新意。难道我们对椅子要求太高了？毕竟，每个人有半辈子是坐着度过的。想象一下，家中如果拥有一把可以自然生长的座椅，会是怎样？再弄一个像浮标一样随处悬吸的游泳圈壁灯。再不满意的话，那就让沙发穿上高跟鞋、让台灯变成枝丫并茂的植物吧。

这不再只是想像。在西班牙的设计世界里，这些都早已成为现实。6月13日至7月9日，300件西班牙设计作品在上海美术馆中呈现：除上述怪异之物，还包括挂着拐杖的台灯，可环顾四面的巫师椅，就连唱诗班庄重的长椅，也被设计师拿来戏谑……作品包括百年来西班牙设计中具有代表性的100张椅子、100盏灯、100张海报。

西班牙盛产天才，也盛产疯子。他们擅长的荒诞，从四个世纪前塑造堂·吉诃德的塞万提斯始，就一直不止。安东尼·高迪把中规中矩的建筑玩成弧形，毕加索画的只有他自己明白的抽象画。当然，还有那个喜欢在画中把脑袋枕在拐杖上的萨尔瓦多·达利。没有人怀疑西班牙人的想象力，四百年前这样，一百年前这样，而今，依然如此。

椅子，可说是西班牙设计的代名词，也成为西班牙文化的一个象征。据说，西班牙一些地方，至今还保持这样的风俗：青年男女谈情说爱时，总爱在身边放一把空荡荡的椅子，上面并不放任何东西。西班牙对椅子所表现的好感度，可见一斑。今天，西班牙椅子种类成百上千，什么"乐家椅"、"奇科特椅"，名称极为复杂。国际工业界干脆用"西班牙椅子"统称这些异类。

椅子在西班牙也被称为"微型建筑的象征"。一度，西班牙建筑师、画家对椅子的荒诞偏好，超过了对自身职业的热衷，高迪、达利等人，都曾把玩过独特怪异椅子于西班牙设计中。最先被高迪拿来尝试现代主义风格的，就是椅子。20世纪初，维多利亚奢华风在设计中仍大行其道，而什么人体力学、功能主义还处在"娘胎"中，高迪凭着他天才的敏感，在建筑和家具设计中加入自然和各种有机形态。对称、庄严在他眼里不过是矫饰、

链接

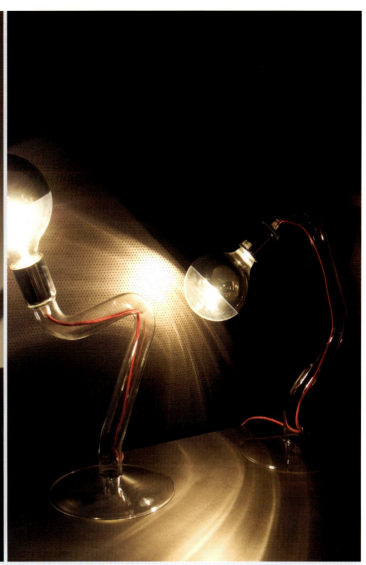

机械或者冷漠的代名词,由他带头的"新艺术运动"在当时影响广泛。

西班牙椅子在世界的成名,还归功于有"怪才"之称的设计师约瑟夫·托雷斯·克拉维,他把橡胶制成椅身、用绳子织成靠背和坐垫。这把椅子,在 1937 年巴黎世界博览会上的"西班牙馆"中,同毕加索的《格尔尼卡》共同展览。这把椅子,后来被约瑟夫·托雷斯的儿子小托雷斯稍加修改,成为诗人巴勃罗·聂鲁达最喜欢使用的手扶椅"黑岛"。

而椅子文化起源的另一面,是缘自西班牙狂热的夜生活,酒吧最先用形式各异的椅子招徕顾客。西班牙人一直保留着那亘古不变的午睡时间,他们毫不犹豫地放下手头所有的工作,在夏日的午后,悠闲地小憩上 2 个小时。酒吧即使在半夜时分,依旧人声鼎沸。

压抑后的释放,堂·吉诃德式的自嘲警醒,摆脱了西方功能主义设计带来的冷漠、呆板和缺乏人情味的气质,这似乎已形成了西班牙特有的设计风格。从中,你不仅可以看到奔放的拉丁色彩,也有地中海情调的浪漫。

相较拥有各种千变万化的形象的椅子,展览中西班牙灯具和海报并没有给人如此多震撼。西班牙古典设计中的维多利亚风格,也渐被活泼、怪异的现代设计替代。西班牙艺术家哈维尔·马里斯卡尔和日本艺术家村上隆一样,都是当今漫画艺术的先锋。哈维尔于 1983 年设计了一盏"蜘蛛灯"——它选择趴在地上,向四周散发昏暗的光。这在今天看来是稀松平常的,但那时的时尚家具设计,并不像今天如此风起云涌。跟马里斯卡尔一样,大部分西班牙灯具设计师是"低技术含量"风格追随者,但在外形上却有艺术家们自己的考究。譬如,不论你找到达利哪款落座灯,你总能从中找到那根独特的拐杖。

西班牙人对海报的钟情,缘于对斗牛运动的狂热。每年,西班牙各地举办 1.7 万次大大小小的斗牛节,其中多数是在城镇举行的小型斗牛节。这时,巨幅的彩色图案都会铺天盖地,西班牙人也因此把海报称为"附在墙上的呐喊"。展览的 100 张海报,不仅有百余年前的大幅斗牛海报,也有近年的奥运赛事海报、展览海报,甚至,还有毕加索为自己展览所做的招贴海报。当你看到毕加索那标志性的涂抹,或许会为他的率性添上莞尔一笑。 END

链接

墙上的艺术
ART OF WALLPAPER

资料提供 | 杭州天佑行建材（墙纸）有限公司

展厅地址 | 杭州市秋涛北路77号新城市广场A座1202
网　址 | www.zjtikiyim.com

随着人们日益挑剔的审美眼光，室内设计也不再偏安一隅，千篇一律的色彩以及没有个性的乳白色墙壁早已不再受到人们青睐，种类各异的墙纸则日益成为市场新宠。它不仅是能充分体现主人的个性和审美观的装饰品，而且能让主人融入到梦幻缤纷的色彩中去，纤致的中世纪风格、富丽的文艺复兴风格、舒畅自然的田园风格、简约之美的极简主义、以藤蔓、花朵、圆润有机的形体为代表的浪漫主义……都悄然地爬上了我们的墙，成为墙上的艺术品。

欧式经典

纤致的中世纪风格，富丽的文艺复兴风格，浪漫的巴洛克、洛可可风格，一直到庞贝式、帝政式的新古典风格，天佑墙纸，让各个时期的精彩演出成为可能，是演绎欧式风格不可或缺的要角。打造欧式风格家居，壁纸成了装饰墙面的主要手法，那雅致的壁纸下折射出的是与众不同的贵族般的梦幻气氛。欧式情调就在这些材质的彰显中蔓延开来。欧式风格，代表的是一种生活态度：精致、舒适、豪华，经得起推敲，也许可以流传于几代人的生活，就像那雕琢的时光，高尚、醇厚而历久弥新……

链接

自然田园

田园风格又称为美式乡村风格，属于自然风格的一支，倡导"回归自然"，在室内环境中力求表现悠闲、舒畅、自然的田园生活情趣，也常运用天然木、石、藤、竹等材质质朴的纹理，创造自然、简朴、高雅的氛围。美式田园风格有务实、规范、成熟的特点。田园风格的装修中壁纸运用很重要，一般都采用风格鲜明的花朵图案壁纸。同是花朵图案，风格也不尽相同，可以热情洋溢，可以含蓄内敛，也可以柔情浪漫，那么首先就是要确定壁纸的风格可以鲜明体现自所追求的感觉。

极简主义

要体现这种风格，墙面设计宜遵循"简约而不简单"的宗旨。以采用素色、单色的墙面材料为家居营造简约、温和的氛围，然后通过家具、配饰等的布置来丰富家居情感体验；或者可以通过大块的、明快的色彩的搭配来体现家居个性；或者还可以通过墙纸自有的纹理来从细节之处体现自身不俗的生活品位。这种从北欧流传过来的潮流受到了年轻人的喜爱。由简洁的家居演绎到简单的生活方式，素净纯洁成为很多人的追求。工作已经太烦心了，如果家居设计再复杂的话，那真是更让人疲劳了。素色主义的最高境界，省去了一切繁复，成为一种精神，让人感到安静神圣。选材以几何图案或自然笔触为元素，或者无图案、单色系、以体现简约之美；极简主义以塑造唯美的、高品位的风格为目的，摒弃一切无用的细节，保留生活最本真、最纯粹部分。色彩也从华丽转变成了优雅。

事件

中国度量

撰文｜陈昀

筹备已久的"证大中国馆——喜玛拉雅高峰论见"系列活动于6月23日在证大丽笙酒店正式拉开帷幕，首场论见以"中国度量——胸襟，让城市更开阔"为名，论见围绕着"中国度量"和"证大中国馆"两个核心概念展开，十位与谈者和众多现场观众之间进行了3个小时的智力冲撞。

本场论见由证大喜玛拉雅中心CEO林书民和著名艺术家叶永青担任主持，美国纽约州立大学艺术史系教授高名潞、香港著名室内设计师梁志天、上海美术馆副馆长张晴、上海证大集团董事长戴志康、香港艺发委主席及北京师范大学珠海国际设计学院院长王纯杰、艺术家邱志杰、中国经济观察家胡润以及外滩三号沪申画廊艺术总监翁菱等嘉宾参与了会谈。

中国馆

建设中的证大喜玛拉雅中心将于2010年投入使用，正是上海世博会举办之时。当世界各个国家、城市在上海世博会上争奇斗艳，展示他们自己的文化生活时，中国又应以何种样貌展现给世界？"我们证大集团也想搭一个自己的中国馆，一个代表抒发自我文化理想的中国馆，以展示我们对于'城市，让生活更美好'这个主题的诠释，这就是证大喜玛拉雅中心。"证大集团董事长戴志康解释了这一系列论见活动命名为"证大中国馆"的原因。

"现在大家都非常热衷地谈证大中国馆，我们希望中国馆不只是一个世博项目而已，我们还希望将中国馆的概念融入到这个时代里，希望每一个建筑物都能代表中国的当代精神。"证大喜玛拉雅中心CEO林书民说。

"作为一个建设者，我们不但要建造房子，更是在建造一个社区，建造一种文化。"素有文化理想与中国古典情怀的证大董事长戴志康先生在开场致辞中说，"中国有数千年悠久的文化历史，然而在今天我们生活的城市——上海，一个最能代表中国当今发展的地方，我们经常可以看到，现代中国人的生活似乎跟这片土地的传承产生了断层。我们过着一种非常西化的生活方式，价值观念也以西方价值观念为标准。在这样的时代中，我们中国人能不能活出一种既能代表我们这个时代，又能够传承中国古老文化的现代生活。我们能不能找到一种我们自己活得比较自在潇洒，同时又是优雅、骄傲的一种生活态度。"

与谈嘉宾高名潞从"中国度量"这一概念出发，从宏观的角度分析了物、场、人三者的关系。"从现代主义到后现代主义，物和场作为一体也好，或者作为二元自然切合的密切关系也好，这些能符合我们所说的中国度量吗？我们需要的是人、物、场这三个方面的综合性，一种重叠性、自然性的融合。这种自然性的融合其实恰恰是我们中国传统美学、哲学所崇尚的自然。我们看到物的时候不是没有感情的，物不是死的，山川不仅是山川自身。从这个角度出发，人、物、场三个元素之间应该具有非常自然地融合与统一。"

高名潞又进一步将这三者关系具体到证大喜玛拉雅中心与"证大中国馆"活动本身的概念上来，提出一些建议："建筑本身是一个物理性的实体，在这个建筑结构的设计方面，里边的具体设施怎么样去组织、排列、设置？使其能具有我们所说的中国度量，如何与都市发生紧密关系？是否应涉及儿童的艺术和教育性方面的机构，有没有一个面向公众的讲演，还有表演等活动的场所。"

中国度量

近年来，随着中国城市建设的热潮，全国各地都出现了许多新的创意中心、艺术中心，但硬件建立起来之后，从人才、管理、到体制、规则等一系列的软件问题并没有得到相应的解决。硬件硬，软件软，这也是一个长期以来困扰着人们的问题。如何使软件硬起来，这需要以广阔的胸襟学习别人的经验。在场专家亦以中国度量——胸襟为切入点，探讨软件的发展。

"西方有一个研究'城市创意指数'，第一个标准是人才，第二是科技，第三就是宽容度，没有宽容度这个城市就没有创意。"王纯杰说。他认为，如何扩展宽容度，这不只靠我们自己个人的修养和意识，更需要一些社会的共识和一些制度设计的保证。因为没有制度，这些宽容和理想是做不到的。"第一点，我们所有的规划应该是公开透明的，不能是暗箱作业。"王纯杰说。"第二点，所有关于公共城市发展的问题，文化政策、城市规划、美术馆建立，都要有公众意见的参与。"

王纯杰介绍了香港在公众参与上的一些经验，"香港有一个文化发展的规划书，它必须进行公开咨询，这些咨询不是讲完就完，而是必须把这些意见公布出来，最后采用哪几条进行说明，将此变成一种制度。咨询之外，公众参与的第二个制度是建立委员会，要建立由居民、专家学者、政府官员团体等各方面人士参与的艺术委员会来共同进行决策。而且这个艺术委员会在专业上享有一定的权力，由此保证了更多回应的声音。"

王纯杰还举出了香港西九龙艺术区发展的案例，这个项目由于遭到艺术界的反对而推迟了15年，"但这15年换回来的是建立了一个有公众决策参与的机制。"他说。

在首场"中国度量——胸襟，让城市更开阔"之后，"证大中国馆——喜玛拉雅高峰论见"系列活动的第二回将在8月移师证大九间堂别墅举行，题为"尊古——让当代更神气"，这个论见活动将邀请文学、建筑、器物、服装，还有设计界的顶尖好手一起来论见。

第三回将于在9月28号在北京举办，名为"中国梦——筑梦，让人类更伟大"，结合华人纵横天下盛典及奥运倒计时300天的盛典，届时将有全球的杰出华人和奥运冠军一起讨论中国馆的活动，更加展现中国人在新世纪的实力。

之后，中国样、中国美、中国味道等一系列的论见活动将从不同的方面和角度，继续讨论中国的精神怎么样传承到当代，延续到未来。

谁成就了谁?
STEVE LEUNG AND ALAN CHAN

撰文｜陈昀
摄影｜朱涛

香港业界有两个设计奇才,一个是陈幼坚,另一个是梁志天。

他们都不安分。陈幼坚从广告创作延伸到品牌规划领域,因一个外滩3号而有了室内设计的涉足。梁志天专注于简约的室内设计,却也着手美兆品牌家具的设计。

他们又都常被人误解的。陈幼坚强调自己不是个做LOGO的人。梁志天也不仅仅会做住宅样板房。

同时,他们既是好朋友,也是合作上的伙伴。两人合作的大快活、美心成了业界的佳话。

究竟是谁成就了谁,谁也说不清,也许用"互相成就"该是最恰当的……

50 20 10 梁志天设计作品展

梁志天凭借其独特的空间设计手法以及以人为本的现代简约设计概念,令梁氏设计不断享誉国际,近年更是备受国人拥戴。今年,梁志天先生年届五十,在"三十而立"之年所创立的建筑及城市规划顾问公司至今已20年。十年前,梁先生首次踏足上海,随后陆续在上海、北京、广州以及深圳成立办公室,并已完成数百项目。

适逢2007年,刚好是梁氏个人以及事业上的三个重要周年纪念,分别是其五十岁的生辰、开展个人事业二十周年、以及重组了两家分别以建筑及室内设计为旗号的公司的第十个年头,因此决定在香港、上海及深圳,举行名为《50 20 10 梁志天设计作品展》的巡回展览,以作为他走到人生半百的一个经验小结。

首站展览已于5月上旬在香港圆满结束,反应热烈,展览于7月移师上海,在宜山路407号内隆重举行,预计,该展览将于8月巡回到深圳展出。

"因为生活"陈幼坚个展

陈幼坚首次内地个展"因为生活"也于近日在上海美术馆举行,展览分为艺术创作和商业设计回顾两部分,展览焦点是其30多件艺术作品,其中不少是首次公开展出。

陈氏作为首位香港艺术家及商业设计师获邀在上海美术馆举行个展,展出了他于2000年起开始创作的纯艺术作品,以及陈幼坚设计公司多年来在中国、日本以及亚洲等地的平面、产品、品牌以至室内空间等设计项目。

此展览的商业设计回顾部份则选辑了陈幼坚设计公司从1980年成立至今的作品,包括可口可乐、中华烟、外滩三号、外滩源、Naga上院、香港文华酒店、香港四季酒店、bossini、大快活、美心MX、日本三井住友银行、Mr. Chan Tea、Marunouchi Cafe等等。这些项目不仅在商业市场中获得极大的回响,更象征陈氏的创意已从过往的广告、平面设计推展至室内空间及整体品牌改造的层面,对市场及消费文化带来更深远的冲击。

汉斯格雅·雅生体位花洒

汉斯格雅·雅生体位花洒：特有的空气注入技术，简洁的外形，让它无论同那个系列配合，都将美妙无比。

唯宝 SmartBench：看不见的座厕

陶瓷座厕可以隐身在一张木质长凳之中！一眼望去，它是一个精致典雅的长方形木质长凳，当座厕盖平放时，是完全看不见座厕的。使用时把座厕盖掀起，座厕就展现于眼前了。

科勒 DTV 智能恒温淋浴系统

科勒 DTV 智能恒温淋浴系统：具有温控阀门和数字界面，无需使用多个旋钮和阀门手柄，同时提供预置水体验程序，以操作多个花洒龙头。

Moooi 和 Marcel Wanders 来到设计共和

6月15日，设计共和举行荷兰著名设计品牌 Moooi 的独家产品发布会。在荷兰语中，Mooi 是美丽的意思，通过增加一个"o"来表示额外的美丽。身为 Moooi 艺术总监的 Marcel Wanders 来到上海，传播来自荷兰的设计理念。他设计的 Moooi Boutique 系列及其他 Moooi 全新产品，包括 Horse Lamp 等，在发布会上进行了展示。

Marcel Wanders 是荷兰当代最具影响力的设计师之一，他曾是 Droog Design 的第一个也是最重要的一个设计师。他的设计充满激情，将全新的创意和鲜活的灵感灌注到每一件作品中。他的许多设计被业界视为最重要的收藏品，诸如纽约和旧金山的现代艺术博物馆、伦敦的 V&A 博物馆等。

"文定生活·家居创意广场"即将登陆沪上

位于上海徐家汇文定路上的"文定生活·家居创意广场"目前正在筹建中，与以往家具卖场概念不同的是，"文定生活·家居创意广场"更注重将艺术元素融入家居生活。它集艺术活动、购物消费、生活方式的体验和设计为一体，为入驻品牌搭建起一个功能性的时尚平台。

除了家居的展示平台外，"文定生活"的创意设计中心还为优秀的家居设计师、室内建筑设计师们构建一个完备的交流平台，吸引世界各地优秀设计者汇集于此，从而形成引导国内家居理念的新思潮。此外，文定生活·家居创意广场还将不定期地举办国际性的画展、顶级家居品牌的设计作品展等。

Jooi 发布银杏与竹系列

Jooi Design 是一家来自丹麦的设计公司，以设计时尚配饰以及家居用品为主。该品牌产品结合了精湛的传统手工艺以及现代艺术气息，每个设计都大胆而创新，简约不繁琐，体现出高品质的生活追求。每一件作品都注重对整体与细节的表现，将古典和现代、东方与西方的文化精髓进行有机整合。新系列的银杏与竹，灵感来源于生活在大城市里人与自然的协调感受。上海老建筑物院落里随处可见银杏树悠闲惬意的影子，它们灵动而魅力的叶与枝丫和平常人家晾晒衣服的竹制衣架左右顾盼。本季的印花图案直接挪用傍晚天空被随意留下的植物剪影，透射出和谐的美与感动。银杏与竹系列面料采用优质羊皮与印花帆布面料搭对。整个系列以粉蓝与荷红为主，除家居靠垫外，还包括手提电脑报、储物袋眼镜夹、眼睛套、名片夹等产品，给平凡生活带来不经意的别致。

证大现代艺术馆两周年

上海证大现代艺术馆已建馆两年，并取得了令人瞩目的业绩。"两年！——上海证大现代艺术馆两周年回顾"将展示艺术馆建馆以来的部分馆藏艺术作品、重要的展览图录和各类相关文献资料以及上海证大现代艺术馆大事记等。此次活动包括"无名画会"回顾展、"花样"中国新锐服装设计师展、中国当代艺术史研究方法论研讨会和"证大中国馆——喜马拉雅高峰论见"等。

"无名画会"回顾展于6月22日正式开幕，展出作品达数百件，将集中展出"无名画会"在1970年代所创作的作品。活跃在1960至1980年代初的"无名画会"是第一个在野的艺术团体。著名设计师吉吉策划的"花样"——中国新锐服装设计师展于6月22日晚在证大现代艺术馆云集，此次服装秀带来了吉吉、解文婧、朱晓锋、MATCHBOX4 位年轻设计师的最新作品。

100% 设计展

6月15日至6月16日，"100% 设计上海"的预展在 Z58 举办，展出了部分展商的设计作品。此次活动为"100% 设计上海"的前瞻，正式展将于2008年6月26日至28日在上海展览中心举行。100% Design 于1995年创办于伦敦，是英国最大最受瞩目的商业型设计展会，也是在同类展会中唯一由专业陪审团选出参展商的展会。主要展出最新的家居、灯饰、配件、墙纸及地板、家用布艺纺织用品及厨房卫浴用品。

第十二届美国阔叶木外销委员会东南亚及大中华区年会

美国阔叶木外销委员会第十二届东南亚及大中华区年会日前在杭州举行。此次主题为"美国阔叶木——舒适生活"的年会，邀请到来自美国、中国、东南亚的世界知名专家发表主题演讲，演讲内容围绕"灯光、剧院、家具以及建筑设计"、"潮流和机遇"、"卓越设计"以及2010年上海世博会总体规划回顾等主题展开。

"我们一直非常重视中国市场的发展，今年的东南亚及大中华区年会是美国阔叶木外销委员会在中国的第八次会议，这也见证了我们对中国市场的长期承诺。"美国阔叶木外销委员会副主席奥恩·古德穆德森表示。

《地轴转移》艺术家对香港回归十周年的回想

7月8日至8月8日,"《地轴转移》艺术家对香港回归十周年的回想"在上海当代艺术馆内举行。《地轴转移》所指的是回归之后,祖国对香港的影响愈来愈显重要之际,影响了香港人对世界视野及创作灵感的转变。两位策展人包括著名香港策展人张颂仁及中国美术学院的高士明教授邀请超过30名香港艺术家,利用在回归后十年以来的艺术作品,对香港文化在这段时期的发展及变迁作一回顾。《地轴转移》还展出了数个多媒体作品。包括由洪强、谢淑婷这些知名艺术家创作的录影及概念装置作品,以及何兆基、曾建华及程展纬创作的新颖平面及摄影作品等。

《酒店设计方法与手稿》

12开,228页,198.00元

辽宁科学技术出版社出版的《酒店设计方法与手稿》,由著名室内设计师王琼著。内容含括了酒店设计的各个方面:大堂空间设计、餐饮空间设计、休闲娱乐空间设计、客房空间设计,全面并且具体地论述了酒店设计的科学方法。其中,王琼以个人实际经历与读者分享了他的工作方法和精彩草图。

"建筑、人与生活形态"吉宝居住艺术展

日前,"建筑、人与生活形态"吉宝居住艺术展在上海外滩18号举行,此次展览主要展示了吉宝置业在世界各地的项目,试图以艺术展来回答这一问题:建筑师是如何构思出这些成为代表不同生活方式和理念的标志性设计,以这些建筑的原创案例,展示出设计师们创造这些宜人空间的灵感所在。

"没有建筑理念的建筑不过是一堆空洞的混凝土而已,而赋予其生命的是建筑师本人。这正是我们与顶尖建筑师合作共同创造兼具形态与功能的建筑杰作的原因",吉宝置业南中国区区域投资总经理何卓光先生表示,"吉宝置业一贯坚持创造永恒并能激发人们想象的建筑项目"。

FERICHI 2007年度"室内精英设计师"大赛

上海《新闻晨报》"爱家"周刊自去年年底创刊以来,一样在关注着设计行业的现状和发展。作为大众媒体,并有志架起一条多方位沟通的桥梁,FERICHI杯 2007年度"室内精英设计师"大赛在这样的主旨下,在行业协会以及各品牌的大力支持和共同努力下于5月25日正式启动。

本次大赛关注设计,更关注设计人才,并以"支持原创,尊重设计"为主题。大赛坚持大赛公平公证的原则下,将原创作品的真实面貌进行展示,让大众感受到本土设计的魅力所在。与此同时,由衷的希望大众走入支持原创的行列,给于设计应有的尊重。

东海大楼即将变身

上海南京东路步行街东海大楼的改造即将开始。此次改造由伍兹贝格建筑设计公司参与改造,旨在将大楼翻修成以全新概念解码都市消费文化的时尚购物休闲中心353广场。

伍兹贝格指出,"室内户外空间的创造"是时下商场规划的潮流,室内户外空间的创造指的是在商场相对封闭的空间里,营造出户外空间的效果。在353广场许多楼层都有开放的餐饮休闲区、4~6楼重现街头文化的店铺空间配置,与屋顶空中花园的交相辉映,都是伍兹贝格在大楼内部再创"户外空间"、赋予商场开放式购物环境,从而提高购物者在商场逗留的意愿。

《权力空间》渠岩作品展

近日,由王南溟策展的"权利空间——渠岩作品展"在上海证大现代艺术馆开幕。此次展览主要展示了著名艺术家渠岩新作《权力空间》,该作品最初是由这样几张照片组成——拥有公权的办公室及其摆放的豪华办公桌椅,本来这些办公桌椅都是人们见怪不怪的东西,但经过渠岩的镜头聚焦后,就形成了一个问题情境,这些豪华的办公室以及其桌椅与行政权力之间的暧昧关系,这是一个公权私有化的场所,豪华的办公桌椅只是一个透视公权的代码。然后为了更能说明这样一个主题,渠岩走到了僻远乡村拍摄了各种各样与权力部门有关的办公空间,这些五花八门的办公室图片完全呈现了公权行为的混乱和公权空间的私人化。

与豪华办公室相比,乡村办公室除了能区分各地区的贫富差距外,其他的信息是一样的:个人化的官运诉求,主流政治符号和吉祥风水等的结合。我们可以看到过度的公权办公室生长的大片社会土壤,这种社会土壤得不到改变,社会财富越增长,权力空间也会越走向公共原则的反面。

《沈雷、孙云、姚路暨内建筑室内工作室作品集》

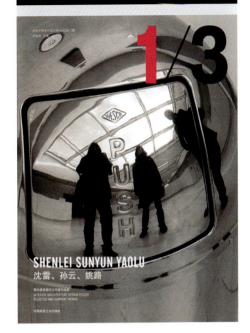

由周家斌主编的《当代中国室内设计师丛书》又添新书——《沈雷、孙云、姚路暨内建筑室内工作室作品集》,该丛书由中国建筑工业出版社陆续出版。本书介绍了内建筑在三年里设计的各类空间作品20余件,图片资料翔实精彩,充分反映了内建筑室内工作室的独特个性和无限创意。

国际16开,190页,98.00元

乐家设计品鉴之夜

5月23日,上海乐家卫浴设计体验中心在徐家汇漕溪北路上盛大开业。近千平米的店面被划分成几大区域,包括产品展示区、互动展示区、新品体验区、活水区、艺术沙龙等,将"实用与艺术相融合"的品牌理念彰显无遗。

乐家一向以卫浴界的艺术家自居,此次"乐家·设计品鉴之夜"也是秉持这样一个品牌理念,邀请了众多艺术界人士。当晚,知名艺术设计家蒋琼耳小姐首次公开呈现了专为乐家体验中心设计的十多件首饰,这些饰品的创作灵感正是来源于乐家一款顶级的龙头。蒋琼耳表示,乐家尽管是一个卫浴品牌,但其深厚的品牌历史及欧洲特有的时尚底蕴,使得乐家的产品充满艺术气息,很多设计理念非常值得自己借鉴。

找工作？

ABBS 人才频道
www.ABBS.com.cn/jobs

加入全球最大 建筑师、设计师群落
参与ABBS企业会员

注册ABBS，填写你自己的求职简历

详情请咨询

E-mail:abbs028@tom.com
happy@abbs.com

QQ:1764506

MSN:happy831_8@hotmail.com

广告部总机:
028-88077643
028-87425815

招聘广告:
028-81869257
028-81793226

传真:
028-87425807

domus CHINA 国际中文版 订阅优惠

80% 全年订阅8折优惠！附赠友情卡！

现在订阅《Domus 国际中文版》全年11 期杂志，即可享受8 折优惠（原价1078 元/ 年/ 套，现仅需862 元）！

同时，我们还将免费为您在其他城市工作的一位朋友赠送《Domus 国际中文版》杂志一本，并会以您的名义附上一张问候卡片！

4+1 订阅4套全年杂志，8折优惠外再免费赠送一套！

如果您及三位朋友以同一投递地址订阅《Domus国际中文版》，除享受8 折优惠外，我们将额外免费赠送全年杂志一套！优惠可累计叠加！

🎁 全价订阅将获得特别礼物！

我们还专为您提供一项特别选择，即全价订阅《Domus 国际中文版》全年11期杂志，可获赠价值800元的意大利三维仿真建筑模型一套，有巴黎圣母院、比萨斜塔等30余款可供选择，数量有限，送完即止！

有关《Domus国际中文版》每期目录及简要内容请浏览：http://www.abbs.com.cn/domus/200608.php

👉 **订阅热线**
800-810-1383

联系人 / 刘先生
电话 / (上海) (86) 138 188 41238 (北京) (86) 139 109 33539
E-mail / liuming@opus.net.cn

免费上门订阅服务
北京 1360 1360 427 刘贠 / 010-64061553
上海 021-63552829-22
深圳 130 888 96013 钟烨 / 0755-22086608

拓展市场绝佳平台
北方建材大展

6万平米展会规模，10万人次预计观众
Show Area: 60,000 sqm. Attendees: 100,000 (projected)
Http://WWW.BUILD-DECOR.COM

国展建博会 2008

BUILD+DECOR 15th

China International Building
Decorations & Building
Materials Exposition

第十五届中国(北京)国际建筑装饰及材料博览会
China International Building Decorations & Building Materials Exposition

2008年2月29日—3月3日　　北京·中国国际展览中心1-10号馆

中国(北京)国际建筑陶瓷及厨房、卫浴设施展览会
Ceramics, Tiles, Kitchen & Bath China

- **主办单位/////**
  中国国际贸易促进委员会
  中国国际展览中心集团公司
  中国建筑装饰协会

- **承办单位/////**
  北京中装华港建筑科技展览有限公司
  北京中装建筑展览有限公司
  中展集团北京华港展览有限公司

主题展区/Thematic Show
- 厨卫及建筑陶瓷展区
- 暖通供热展区
- 铺地材料展区
- 遮阳窗饰展区
- 门业展区
- 建筑五金展区
- 墙纸、布艺展区
- 涂料油漆展区
- 综合建材展区

- 筹展联络：北京中装华港建筑科技展览有限公司
- 电话：010-84600901 84600903　传真：010-84600910 84600920
- Http:www.build-decor.com　Email:zhanlan@ccdinfo.com

www.build-decor.com
www.ctkb.com.cn
www.havc-expo.com
www.covering-floor.com